Klaus Gersten · Einführung in die Strömungsmechanik

Klaus Gersten

Einführung in die Strömungsmechanik

Mit 96 Bildern, 10 Tabellen und
52 durchgerechneten Beispielen

6., überarbeitete Auflage

CIP-Titelaufnahme der Deutschen Bibliothek

Gersten, Klaus:
Einführung in die Strömungsmechanik /
Klaus Gersten. [Für die Hrsg. dieses Bd.
verantw.: Theodor Lehmann]. – 6., über-
arb. Aufl. – Braunschweig; Wiesbaden:
Vieweg, 1991

Für die Herausgabe dieses Bandes verantwortlich: Theodor Lehmann

1. Auflage 1974
2., durchgesehene Auflage 1981
3., durchgesehene Auflage 1984
4., durchgesehene Auflage 1986
5. Auflage 1989
6., überarbeitete Auflage 1991

ISBN 978-3-528-43344-4   ISBN 978-3-322-94307-1 (eBook)
DOI 10.1007/978-3-322-94307-1

Der Verlag Vieweg ist ein Unternehmen der Verlagsgruppe Bertelsmann International.

Umschlaggestaltung: Peter Neitzke, Köln
Satz: G. Hartmann, Braunshardt

Vorwort

Das vorliegende Lehrbuch ist aus Vorlesungen entstanden, die ich seit 1969 regelmäßig an der Ruhr-Universität Bochum als Pflichtvorlesungen für die Studenten des Maschinenbaus und des Bauingenieurwesens gehalten habe. Als Vorlage diente ein Vorlesungsskriptum, das Herr Dr.-Ing. *G.G. Börger* nach meinen Vorlesungen angefertigt hatte. Der Text wurde jedoch vollständig neu formuliert und bezüglich der Bezeichnungen auf den neuesten Stand gebracht.

Das Buch behandelt die Grundlagen der Strömungsmechanik und umfaßt etwa den Lehrstoff, der zum Studium in den Fächern Maschinenbau, Bauingenieurwesen, Verfahrenstechnik und Flugtechnik mindestens erforderlich ist.

Von den 18 Kapiteln des Buches befassen sich die ersten vier Kapitel mit der Statik der Fluide, die restlichen mit der Dynamik der Fluide. Zur Dynamik gehört vor allem die Behandlung der Erhaltungssätze für Masse, Energie und Impuls. Diese werden zunächst als Integralsätze und dann in Form von Differentialgleichungen hergeleitet und in ihren Anwendungen studiert. Dabei wurde mit der Darstellung in Integralform begonnen, da damit bereits viele Strömungsaufgaben der Ingenieurpraxis gelöst und auch Unstetigkeiten in der Strömung (Verdichtungsstöße bei Gasströmungen, Wechselsprünge bei Gerinneströmungen) behandelt werden können. Einigen grundlegenden Strömungserscheinungen, wie Grenzschicht, Widerstand, Ablösung und Turbulenz, wurde ein besonderes Kapitel (Kapitel 12) gewidmet.

Obwohl es sich um eine Einführung in die Strömungsmechanik handelt, wird im Gegensatz zu einigen vorhandenen Lehrbüchern auch die Kompressibilität der Fluide wegen ihrer großen technischen Bedeutung berücksichtigt, jedoch in der einfachsten Form, so daß nur wenige Grundbegriffe aus der Thermodynamik verwendet werden. Im allgemeinen werden stationäre, d.h. zeitunabhängige Strömungen vorausgesetzt. Den instationären Strömungen ist ein gesondertes Kapitel am Ende des Buches gewidmet. In diesem Kapitel sind außerdem die wichtigsten Sätze übersichtlich zusammengestellt.

Es werden geringe mathematische Kenntnisse vorausgesetzt. Komplexe Zahlen und Tensoren werden nicht benutzt. Bei Vektorgleichungen sind meistens auch die Komponentengleichungen angegeben. Zur Vereinfachung werden fast nur Strömungen in Stromröhren und ebene Strömungen behandelt.

Wichtige Gleichungen, die sich einprägen sollten, sind durch fettgedruckte Nummern gekennzeichnet. Darüber hinaus sind die wichtigsten Ergebnisse in Form von 48 Sätzen formuliert. Um insbesondere dem Anfänger das Studium zu erleichtern und die Anwendung der entwickelten Formeln auf praktische Aufgaben zu erläutern, sind 52 vollständig durchgerechnete Beispiele (im Kleindruck) eingefügt. Beim Lösen von Aufgaben können die Tabellen im Anhang über Stoffwerte von Luft und Wasser und über Widerstandszahlen von Rohrleitungselementen nützlich sein. Der Anhang enthält außerdem das Verzeichnis der verwendeten Symbole sowie einen kurzen Hinweis auf die Dimensionsanalyse.

Dem wichtigen Bereich der Strömungsmeßtechnik ist kein eigenes Kapitel gewidmet. Statt dessen werden verschiedene Meßverfahren an geeigneten Stellen im Text besprochen und im Sachverzeichnis unter dem Stichwort „Messung" zusammengestellt.

Für die Herstellung der Abbildungen danke ich Frau *D. Galatas*, Frau *H. Wigger* und Herrn *G. Jakubek*. Frau *G. Huhmann-Franzen* bin ich für das Schreiben des Manuskriptes sehr dankbar. Besonderer Dank gebührt Herrn Priv.-Doz. Dr.-Ing. *H. D. Papenfuß*. Er hat mich durch Anfertigen von Abbildungen und zahlreiche wertvolle Hinweise sowie beim Korrekturlesen tatkräftig unterstützt. Die angenehme Zusammenarbeit mit dem Verlag möchte ich nicht unerwähnt lassen. Herrn Prof. Dr.-Ing. *H. Herwig* verdanke ich zahlreiche Verbesserungsvorschläge zur 6. Auflage.

Klaus Gersten

Inhalt

Inhalt

I. Statik der Fluide

1. Dichte

Die Strömungsmechanik ist die Mechanik der Flüssigkeiten und Gase. Da die meisten Gesetze der Strömungsmechanik für Flüssigkeiten und Gase gleichermaßen gelten, wird der übergeordnete Begriff *Fluid* verwendet. Ein Fluid ist demnach eine Flüssigkeit oder ein Gas. Die Strömungsmechanik ist also die Mechanik der Fluide.

Für die meisten technischen Anwendungen kann das Fluid als ein *Kontinuum* angesehen werden. In einem Kontinuum ist das kleinste betrachtete Volumenelement dV noch immer homogen, d.h. die Abmessungen von dV sind noch groß gegenüber dem mittleren Molekülabstand im Fluid. Das soll im folgenden stets vorausgesetzt werden.

Definition 1:

Die *Dichte* ρ eines Fluids ist das Verhältnis der Masse dm zum Volumen dV eines Fluidelements (im Grenzfall dV gegen null):

$$\rho = \lim_{dV \to 0} \frac{dm}{dV} , \qquad [\rho] = \frac{kg}{m^3} . \tag{1}$$

Definition 2:

Das *spezifische Volumen* v eines Fluids ist der Reziprokwert der Dichte

$$v = \frac{1}{\rho} , \qquad [v] = \frac{m^3}{kg} . \tag{2}$$

Im allgemeinen ist die Dichte eine Funktion des Ortes und der Zeit t. Für ein kartesisches Koordinatensystem gilt

$$\rho = \rho\,(x, y, z, t) . \tag{3}$$

Bei veränderlicher Dichte spricht man von *kompressiblen* Fluiden, bei konstanter Dichte von *inkompressiblen* Fluiden. Im zweiten Fall vereinfacht sich Gl. (1) zu

$$\rho = \frac{m}{V} = \text{konst. (inkompressible Fluide)} . \tag{4}$$

Flüssigkeiten werden praktisch immer als inkompressible Fluide behandelt. Da Wasser die technisch wichtigste Flüssigkeit ist, wird die Mechanik der Flüssigkeiten auch als Hydromechanik bezeichnet. Bei den Gasen spielt Luft die technisch wichtigste Rolle. Die Mechanik der Gase wird deshalb auch Aeromechanik genannt. Je nachdem, ob das Fluid ruht oder sich bewegt, spricht man von Statik oder Dynamik. Danach ergibt sich die folgende Einteilung der Strömungsmechanik:

Tabelle 1: Einteilung der Strömungsmechanik

	Statik der Fluide	Dynamik der Fluide
Hydromechanik $\rho = $ konst.	Hydrostatik	Hydrodynamik
Aeromechanik $\rho \neq $ konst.	Aerostatik	Aerodynamik Gasdynamik

Wie in Kap. 9.4. gezeigt wird, sind bei Gasströmungen mit Geschwindigkeiten kleiner als etwa 100 m/s die Änderungen der Dichte so klein, daß man mit konstanter Dichte rechnen und somit die Gesetze der Hydrodynamik anwenden kann.

Werte der Dichte von Wasser und Luft sind im Anhang, Tabelle 9, angegeben.

2. Druck

Ein Volumenelement eines ruhenden Fluids sei aus seiner Umgebung herausgelöst. Um seinen ursprünglichen Zustand beizubehalten, muß der mechanische Einfluß der Umgebung durch entsprechende Kräfte ersetzt werden (Befreiungsprinzip der Mechanik). In Abb. 1 ist als Beispiel ein prismatisches Fluidelement mit den Ersatzkräften dargestellt.

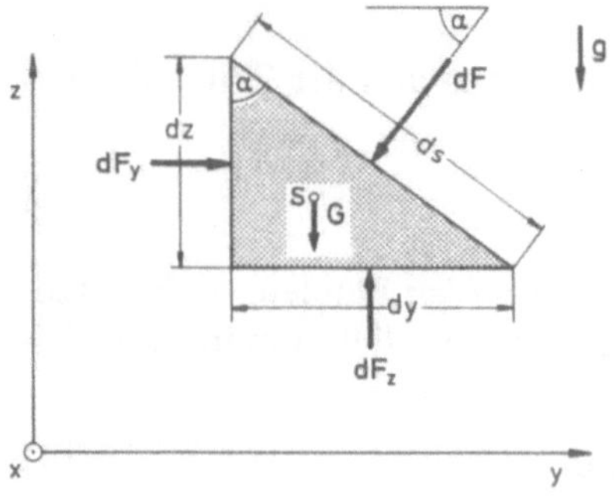

Abb. 1:
Gleichgewicht zwischen den Druckkräften und der Schwerkraft am ruhenden Fluidelement

Es gelten folgende Sätze:

Satz 1: Ein ruhendes Fluid kann nur Normalkräfte aufnehmen, es treten also keine Schubkräfte auf.

Satz 2: Ein ruhendes Fluid kann nur Druckkräfte aufnehmen, es treten also keine Zugkräfte auf.

Definition 3:

Der *Druck p* in einem ruhenden Fluid ist das Verhältnis des Betrages der Druckkraft dF zum Flächenelement dA, auf das die Druckkraft wirkt (im Grenzfall dA gegen null).

$$p = \lim_{dA \to 0} \frac{dF}{dA} \, , \qquad [p] = \frac{N}{m^2} = Pa \, . \tag{5}$$

Die Definition gilt auch noch für strömende Fluide, solange diese reibungslos sind, da in reibungslosen Strömungen ebenfalls nur Normalkräfte auftreten (vgl. Kap. 13.4.).
Die Einheit des Druckes ist das *Pascal* Pa.

$$1 \; Pa = 1 \; \frac{N}{m^2} = 1 \; \frac{kg}{ms^2} \, .$$

Weitere gebräuchliche Druckeinheiten sind:

Bar:
$$1 \; bar \quad - 10^5 \; \frac{N}{m^2} - 10^5 \; Pa$$

Technische Atmosphäre:
$$1 \; at \quad = 1 \; \frac{kp}{cm^2} = 0{,}981 \; bar$$

Physikalische Atmosphäre:
$$1 \; atm \quad = 760 \; Torr = 760 \; mm \; Hg$$
$$= 1{,}013 \; bar$$

Torr:
$$1 \; Torr \quad = \frac{1}{760} \, atm = 133{,}3 \; Pa$$

Satz 3: Der Druck ist unabhängig von der Orientierung des Flächenelementes im Fluid, er ist für alle (Schnitt-)Richtungen gleich, er ist eine skalare Größe.

Beweis: An dem Fluidelement in Abb. 1 wird das Kräftegleichgewicht für die drei Richtungen der Koordinatenachsen aufgestellt:

1. Gleichgewicht der Kraftkomponenten in y-Richtung:

$$dF_y = dF \cos \alpha \ .$$

Dabei sind dF_y und dF die Beträge der Vektoren dF_y und dF. Division durch dz dx ergibt

$$\frac{dF_y}{dz\,dx} = \frac{dF}{dz\,dx} \cos \alpha \ .$$

Mit $dA_y = dz\,dx$, $dA = ds\,dx$ und $dz = ds \cos \alpha$ folgt im Grenzfall

$$\lim_{dA_y \to 0} \frac{dF_y}{dA_y} = \lim_{dA \to 0} \frac{dF}{dA} \ .$$

2. Gleichgewicht der Kraftkomponenten in z-Richtung:

$$dF_z = dF \sin \alpha + \frac{1}{2}\, \rho\, g\, dx\, dy\, dz \ .$$

Das zweite Glied auf der rechten Seite ist der Betrag der Gewichtskraft des Fluidelements. Division durch dy dx ergibt

$$\frac{dF_z}{dy\,dx} = \frac{dF}{dy\,dx} \sin \alpha + \frac{1}{2}\, \rho\, g\, dz \ .$$

Mit $dA_z = dy\,dx$ und $dy = ds \sin \alpha$ folgt im Grenzfall wegen $dz \to 0$

$$\lim_{dA_z \to 0} \frac{dF_z}{dA_z} = \lim_{dA \to 0} \frac{dF}{dA} \ .$$

3. Für die x-Richtung kann eine entsprechende Bilanz wie für die y-Richtung aufgestellt werden, wenn das prismatische Fluidelement 90° um die vertikale Achse gedreht wird.

Der Druck ist im allgemeinen eine Funktion des Ortes und der Zeit:

$$p = p(x, y, z, t) \tag{6}$$

3. Hydrostatik

3.1. Grundgleichung der Hydrostatik

Entsprechend Abb. 2 wird ein inkompressibles homogenes Fluid mit freier Oberfläche unter dem Einfluß der Fallbeschleunigung **g** betrachtet. An der Oberfläche herrscht der Umgebungsdruck p_0.

Für ein zylindrisches Fluidelement mit der Querschnittsfläche dA und der Tiefe h gilt das Kräftegleichgewicht in vertikaler Richtung:

$$p \, dA = p_0 \, dA + \rho \, g \, h \, dA$$

oder

$$p = p_0 + \rho \, g \, h \tag{7}$$

Diese Beziehung wird die *Grundgleichung der Hydrostatik* genannt. Aus ihr folgt:

Satz 4:   Bei einem inkompressiblen, ruhenden Fluid herrscht in Punkten gleicher Tiefe gleicher Druck.

Satz 5:   Bei einem inkompressiblen, ruhenden Fluid wächst der Druck proportional zur Tiefe.

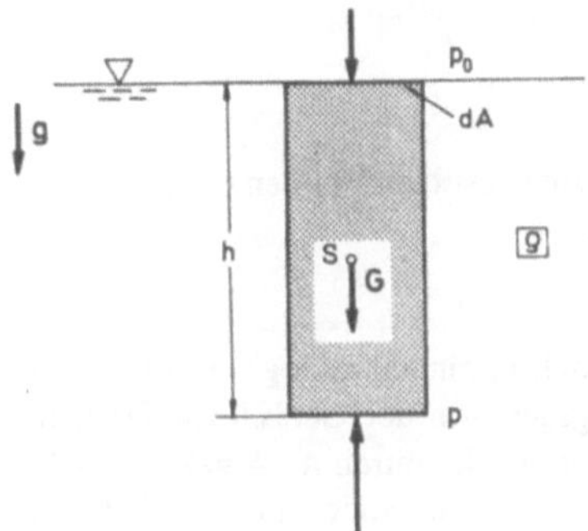

Abb. 2:
Vertikales Kräftegleichgewicht am zylindrischen Fluidelement der Querschnittsfläche dA

Die Anwendung der hydrostatischen Grundgleichung wird in den folgenden Beispielen gezeigt:

Beispiel 1:   P a s c a l sches Paradoxon

Die Druckkraft F auf die Grundflächen von verschiedenen Gefäßen, die mit demselben Fluid gleich hoch gefüllt sind, ist unabhängig von der Gefäßform, wenn die Grundflächen gleich groß sind (Abb. 3).

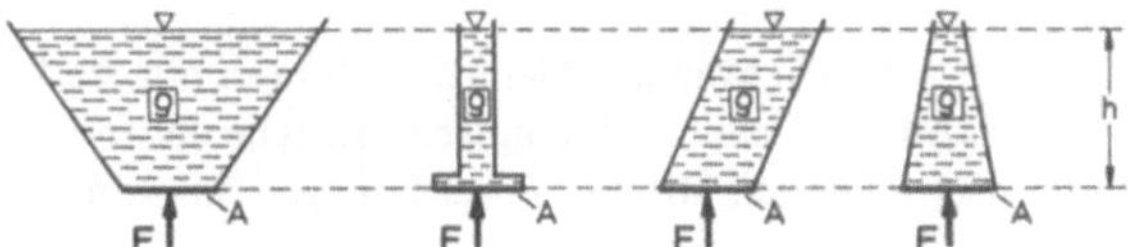

Abb. 3:
*Pascal*sches Paradoxon

Beispiel 2: Kommunizierende Röhren

In Röhren, die mit einem homogenen Fluid gefüllt und unterhalb der freien Oberfläche miteinander verbunden sind, befinden sich die Oberflächen in gleicher Höhe (Abb. 4).

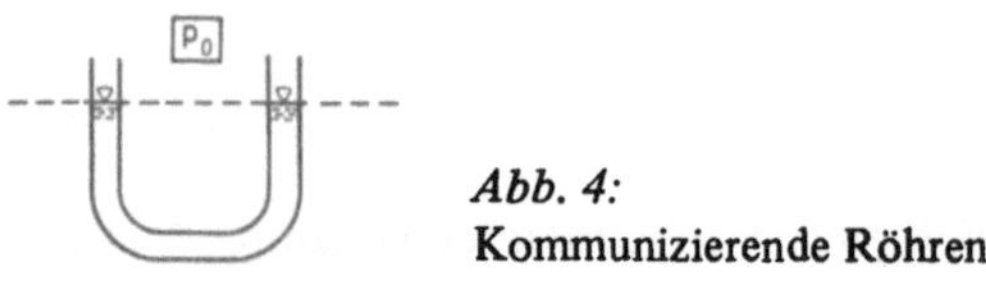

Abb. 4:
Kommunizierende Röhren

Beispiel 3: U-Rohr mit zwei verschiedenen Fluiden

Entsprechend Abb. 5 sei ein U-Rohr mit zwei nicht mischbaren inkompressiblen Fluiden unterschiedlicher Dichte gefüllt.

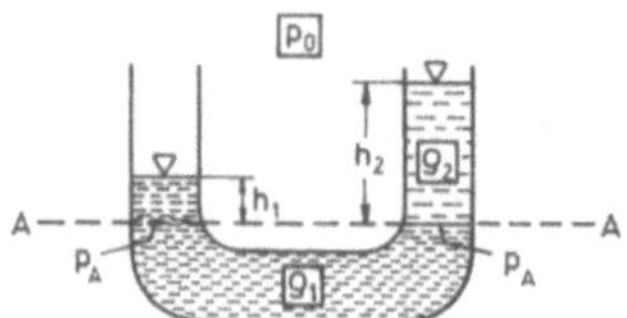

Abb. 5:
U-Rohr mit zwei inkompressiblen Fluiden verschiedener Dichte

Entsprechend der Grundgleichung, Gl. (7), hängt der Druck in einem homogenen Fluid nur von der Tiefe unter der freien Oberfläche ab, nicht dagegen von der Gefäßform. Deshalb muß der Druck p_A in den beiden Schenkeln des U-Rohres auf der durch A—A gekennzeichneten Horizontalebene konstant sein, da sich unterhalb dieser Horizontalebene nur das Fluid mit der Dichte ρ_1 befindet.

Die Grundgleichung, Gl. (7), liefert für den Druck p_A die Beziehung:

Linker Schenkel: $p_A = p_0 + \rho_1 \, g \, h_1$

Rechter Schenkel: $p_A = p_0 + \rho_2 \, g \, h_2$

Daraus folgt: $\dfrac{\rho_2}{\rho_1} = \dfrac{h_1}{h_2}$

In Abb. 5 ist also die Dichte ρ_2 kleiner als die Dichte ρ_1.

Beispiel 4: Hydraulische Presse

Eine hydraulische Presse besteht im Prinzip aus zwei kommunizierenden Röhren mit stark unterschiedlicher Querschnittsfläche. Das Fluid der Füllung ist homogen. Anstelle der freien Oberflächen schließen Kolben das Fluid nach oben ab. Mit den Bezeichnungen aus Abb. 6 lautet die hydrostatische Grundgleichung für dieses System:

$$p_2 = p_1 + \rho\, g\, h\,.$$

Die Drücke p_1 und p_2 können durch die Flächen und die Beträge der angreifenden Kräfte ausgedrückt werden:

$$p_1 = \frac{F_1}{A_1}\,, \qquad p_2 = \frac{F_2}{A_2}\,.$$

Damit erhält man:

$$F_2 = \frac{A_2}{A_1}\, F_1 + \rho\, g\, h\, A_2\,. \tag{8}$$

Wenn die Differenzhöhe h in Abb. 6 sehr klein wird, erhält man einen Sonderfall, der bei der praktischen Anwendung hydraulischer Pressen stets mit ausreichender Genauigkeit erfüllt ist. Aus Gl. (8) wird mit $\rho\, g\, h\, A_2 \ll A_2\, F_1/A_1$:

$$F_2 = \frac{A_2}{A_1}\, F_1\,. \tag{9}$$

Danach können in einer hydraulischen Presse aus kleinen Kräften auf der Seite 1 sehr große Kräfte auf der Seite 2 erzeugt werden, falls das Flächenverhältnis A_2/A_1 entsprechend groß gewählt wird.

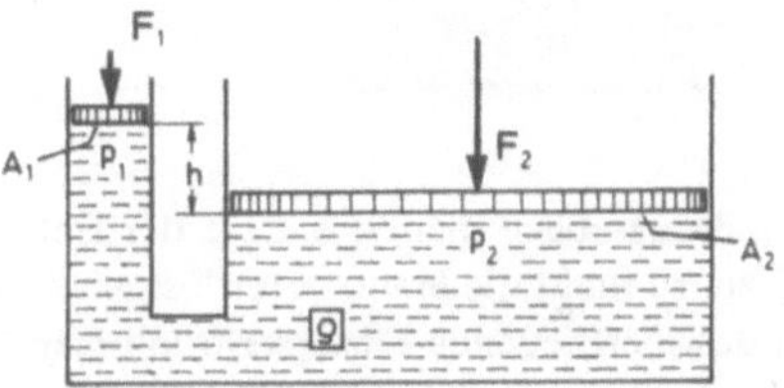

Abb. 6:
Hydraulische Presse

Beispiel 5: Manometer (Instrumente zur Messung von Druckdifferenzen)

a) U-Rohr-Manometer

In einem mit Gas gefüllten Kessel herrscht der konstante Druck p_G. An dem Kessel ist ein U-Rohr mit einem Fluid der Dichte ρ angeschlossen (Abb. 7). Die hydrostatische Grundgleichung, Gl. (7), liefert die Beziehung:

$$p_G - p_0 = \rho\, g\, \Delta h\,. \tag{10}$$

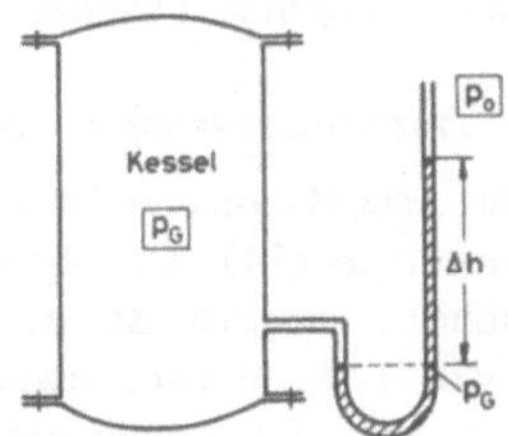

Abb. 7:
U-Rohr-Manometer

Nach Gl. (10) ist Δh ein Maß für die Druckdifferenz zwischen Kessel und Umgebung. Häufig werden Druckdifferenzen in Millimeter Wassersäule (mm WS) angegeben. Diese Angabe entspricht dann einem mit Wasser gefüllten U-Rohr-Manometer.

b) Präzisionsmanometer nach P r a n d t l

Beim *Prandtl*-Manometer handelt es sich um ein U-Rohr mit sehr unterschiedlichen Querschnittsflächen A_1 und $A_2 \gg A_1$ der beiden Schenkel. Nach Abb. 8 gilt für die an das Manometer angelegte Druckdifferenz

$$p_2 - p_1 = \rho\, g(h_1 + h_2) . \tag{11}$$

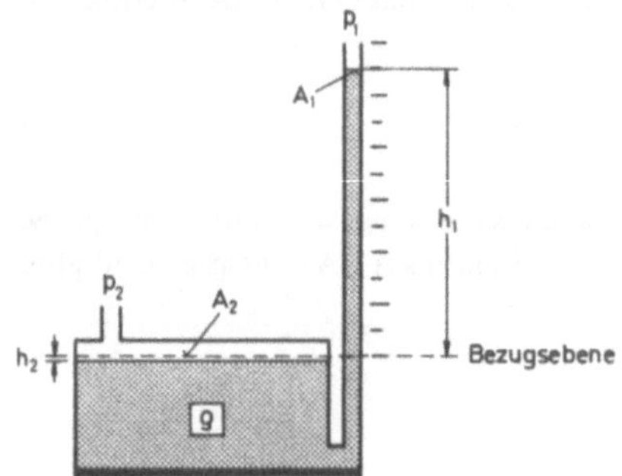

Abb. 8:
Präzisionsmanometer nach *Prandtl*

Als Bezugsebene dient die Lage der freien Oberfläche bei Druckgleichheit $p_2 = p_1$. Nimmt p_2 zu, so fließt die Manometerflüssigkeit aus dem linken in den rechten Schenkel. Es gilt also für das überfließende Flüssigkeitsvolumen

$$V = A_1\, h_1 = A_2\, h_2 . \tag{12}$$

Aus Gl. (11) folgt damit

$$p_2 - p_1 = \rho\, g\, h_1 \left(1 + \frac{A_1}{A_2}\right). \tag{13}$$

Wird das Verhältnis A_1/A_2 entsprechend klein gewählt, so kann statt Gl. (13) näherungsweise die Beziehung

$$p_2 - p_1 \approx \rho\, g\, h_1 \tag{14}$$

verwendet werden. Neben dem Schenkel 1 kann dann eine feste Skala für die Bestimmung von h_1 angebracht werden.

c) Präzisionsmanometer nach B e t z

Das *Betz*-Manometer beruht auf demselben Prinzip wie das *Prandtl*-Manometer, es gilt also wieder Gl. (14). Die Anordnung ist jedoch so gewählt, daß ein einfaches Ablesen der Höhe h_1 möglich ist. Nach Abb. 9 befindet sich im Schenkel 1 mit der Querschnittsfläche A_1 an einem Schwimmer S eine Skala für h_1, die optisch auf eine Mattscheibe projiziert wird. Das bequemere Ablesen beim *Betz*-Manometer wird durch eine längere Einstellzeit erkauft, da im Vergleich zum *Prandtl*-Manometer die Querschnittsfläche A_1 und damit das überfließende Volumen nach Gl. (12) größer sind.

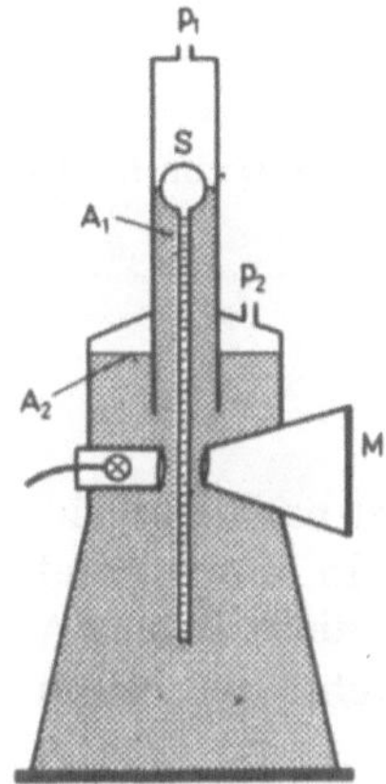

Abb. 9:
Präzisionsmanometer nach *Betz*
(S = Schwimmer, M = Mattscheibe)

Beispiel 6: *Barometer* (Instrument zur Messung absoluter Drücke)

Für das System der Abb. 10 liefert die Grundgleichung, Gl. (7).

$$p = \rho\, g\, h\,.$$ (15)

Das Barometer stellt ein U-Rohr mit stark unterschiedlichen Schenkelquerschnitten dar, jedoch ist der dünne Schenkel oben verschlossen. Da bei genügender Länge des dünnen Schenkels am oberen Ende Vakuum herrscht, können mit dieser Anordnung entsprechend Gl. (15) *absolute Drücke* gemessen werden.

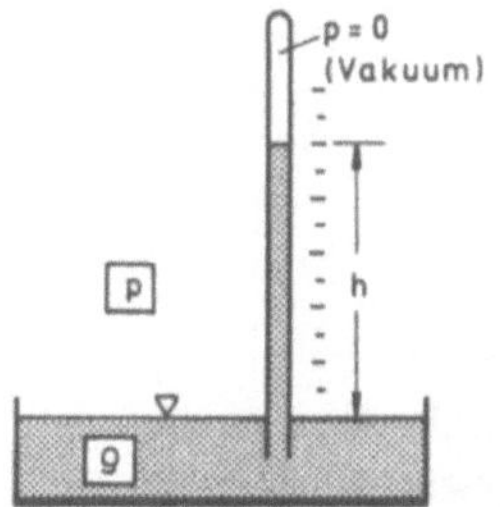

Abb. 10:
Barometer

a) Für *Wasser* als Barometerflüssigkeit und eine Wassersäule von h = 10 m ergibt Gl. (15):

$$p = 1000\,\frac{\text{kg}}{\text{m}^3}\cdot 9{,}81\,\frac{\text{m}}{\text{s}^2}\cdot 10\,\text{m} = 0{,}981\cdot 10^5\,\frac{\text{N}}{\text{m}^2} = 0{,}981\,\text{bar} = 1\,\text{at}\,.$$

Eine technische Atmosphäre (at) ist als Druckdifferenz über einer 10 m hohen Wassersäule definiert.

b) Für *Quecksilber* als Barometerflüssigkeit (ρ_{HG} = 13600 kg/m^3) und einer Quecksilbersäule von h = 0,76 m ergibt Gl. (15):

$$p = 13600 \; \frac{kg}{m^3} \cdot 9,81 \, \frac{m}{s^2} \cdot 0,76 \, m = 1,013 \cdot 10^5 \, \frac{N}{m^2} = 1,013 \; bar$$

$$= 760 \, Torr = 1 \, atm \, .$$

Eine physikalische Atmosphäre (atm) ist als Druckdifferenz über einer 760 mm hohen
Quecksilbersäule definiert.

3.2. Druckkraft auf eine ebene Wand

Ein Behälter, in dem sich ein Fluid der Dichte ρ befindet, wird nach Abb. 11
durch eine geneigte ebene Wand (Neigungswinkel α) begrenzt. In dieser Wand
befindet sich eine vorgegebene Fläche A. Die vom Fluid auf diese Fläche A
ausgeübte Druckkraft F und deren Angriffspunkt D sind gesucht. Bei leerem
Behälter verschwindet die Kraft auf die Wand.
Betrag und Angriffspunkt der Druckkraft werden in zwei Schritten bestimmt.

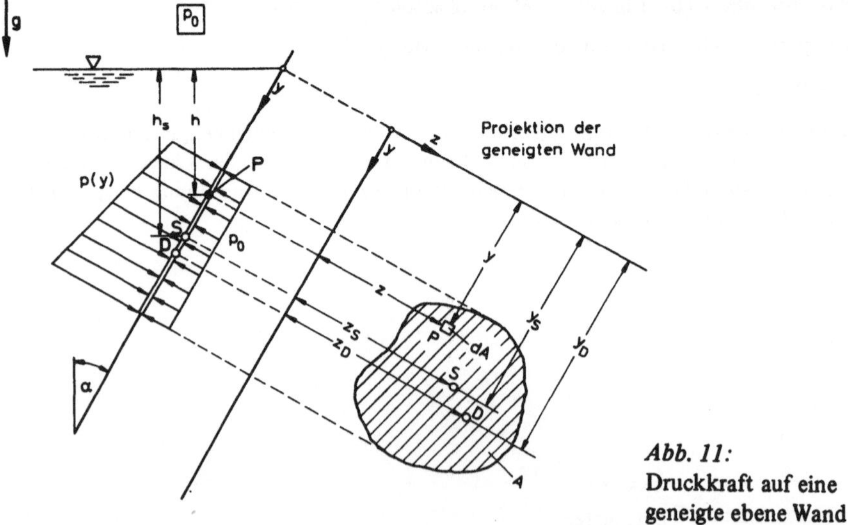

Abb. 11:
Druckkraft auf eine
geneigte ebene Wand

Betrag der Druckkraft

Entsprechend Abb. 11 wird ein kartesisches Koordinatensystem in die geneigte
Ebene gelegt, wobei die z-Achse mit der Schnittgeraden zwischen der Wand und
der freien Oberfläche übereinstimmt.

Aus der betrachteten Fläche A wird im Punkt P(y,z) ein Flächenelement dA herausgegriffen. Die Tiefe h des Punktes P ist

$$h(y) = y \cos \alpha \,. \tag{16}$$

Der Druck im Punkt P auf der Innenseite ist dann nach der hydrostatischen Grundgleichung, Gl. (7):

$$p(y) = p_0 + \rho\, g\, y \cos \alpha \,.$$

Der Betrag der Druckkraft dF auf das Flächenelement dA ergibt sich zu

$$dF = [p(y) - p_0]\, dA$$

oder

$$dF = \rho\, g\, y \cos \alpha\, dA \,. \tag{17}$$

Integration über die Fläche A liefert

$$F = \rho\, g \cos \alpha \iint_A y\, dA \,. \tag{18}$$

Führt man die Koordinate y_S des Schwerpunktes S der Fläche A mit

$$y_S\, A = \iint_A y\, dA \tag{19}$$

ein, so folgt aus Gl. (18)

$$F = \rho\, g\, y_S \cos \alpha\, A \,. \tag{20}$$

Benutzt man die Tiefe h_S des Schwerpunktes S entsprechend Gl. (16) zu

$$h_S = y_S \cos \alpha,$$

so erhält man für den *Betrag der gesamten Druckkraft*

$$F = \rho\, g\, h_S\, A = (p_S - p_0)\, A \tag{21}$$

h_S = Tiefe des Schwerpunktes S der Fläche A
p_S = Druck im Schwerpunkt S auf der Innenseite

Angriffspunkt D der Druckkraft

Zur Bestimmung der Lage des Angriffpunktes D der Druckkraft (auch *Druckmittelpunkt D* genannt) dient eine *Bilanz der Momente* um die Koordinatenachsen.

Das Momentengleichgewicht um die z-Achse liefert:

$$y_D\, F = \iint_A y\, dF \,. \tag{22}$$

Einsetzen der Gln. (17) und (20) ergibt

$$y_D \, \rho \, g \, y_S \cos \alpha \, A = \rho \, g \cos \alpha \iint_A y^2 \, dA \, . \tag{23}$$

Führt man das *Flächenträgheitsmoment* I_z der Fläche A bezüglich der z-Achse mit

$$I_z = \iint_A y^2 \, dA \tag{24}$$

ein, so folgt aus Gl. (23)

$$y_D \, y_S \, A = I_z$$

oder

$$y_D = \frac{I_z}{y_S A} \, . \tag{25}$$

Das Trägheitsmoment I_z kann über den *S t e i n e r schen Satz* auf das Trägheitsmoment I_S um die Horizontale durch den Schwerpunkt S umgerechnet werden:

$$I_z = I_S + y_S^2 A \tag{26}$$

mit

$$I_S = \iint_A y^{*2} \, dA \, , \tag{27}$$

wobei gilt $y^* = y - y_S$. Daraus folgt

$$e = y_D - y_S = \frac{I_S}{y_S A} \, . \tag{28}$$

Wie Gl. (21) ist auch Gl. (28) vom Neigungswinkel α unabhängig, sie gilt auch für vertikale Wände ($\alpha = 0$), wobei dann die y-Werte die Tiefen sind.

Aus dem *Momentengleichgewicht* um die y-Achse erhält man die z-Koordinate des Druckmittelpunktes D zu

$$z_D = \frac{I_{yz}}{y_S A} \, , \tag{29}$$

wobei das Zentrifugalmoment

$$I_{yz} = \iint_A y \, z \, dA \tag{30}$$

der Fläche A eingeführt wurde.

Für einige Flächen sind die Trägheitsmomente und Zentrifugalmomente im Anhang (Tabelle 10) angegeben.

Beispiel 7: Verschlußkraft einer rechteckigen Klappe

gegeben: ρ, g, l, b (Klappenbreite), α (Abb. 12)
gesucht: F_K

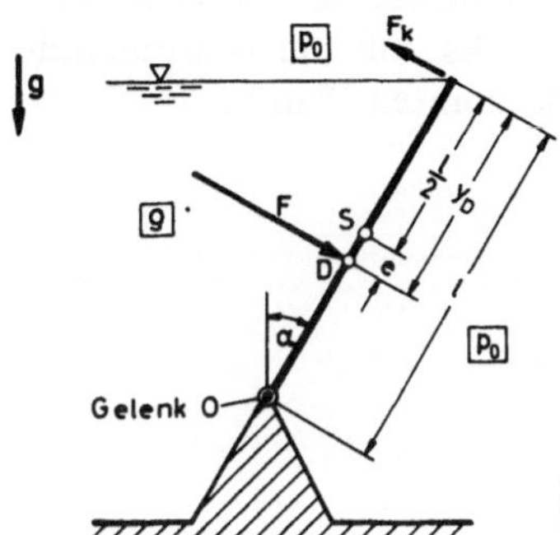

Abb. 12:
Druckkraft auf eine geneigte rechteckige Klappe

Lösung:
Druckkraft nach Gl. (21):

$$F = \rho\, g\, \frac{l}{2} \cos \alpha\, b\, l = \frac{1}{2}\, \rho\, g\, l^2\, b \cos \alpha$$

Lage des Flächenschwerpunktes S:

$$y_S = \frac{1}{2}\, l\,.$$

Flächenträgheitsmoment nach Gl. (27):

$$I_S = \frac{1}{12}\, l^3\, b\,.$$

Lage des Druckmittelpunktes D nach Gl. (28):

$$y_D = y_S + e = \frac{1}{2}\, l + \frac{1}{6}\, l = \frac{2}{3}\, l\,.$$

Momentengleichgewicht um das Gelenk 0:

$$F_K l = F(l - y_D)$$

oder

$$F_K = \frac{l - y_D}{l}\, F = \left(1 - \frac{y_D}{l}\right) F$$

$$F_K = \frac{1}{3}\, F. \tag{31}$$

Diese Beziehung gilt selbstverständlich nur, wenn die Klappe bis zur Flüssigkeitsoberfläche reicht.

3.3. Druckkraft auf eine gekrümmte Wand

Eine gekrümmte Wand trenne entsprechend Abb. 13 ein Fluid der Dichte ρ von der Umgebung mit dem Druck p_0. Der Einfachheit halber sei zunächst eine zylindrische Wand vorausgesetzt (*ebenes Problem*). Es soll die resultierende Druckkraft F des Fluids auf den Bereich A der gekrümmten Wand nach Größe und Richtung bestimmt werden.

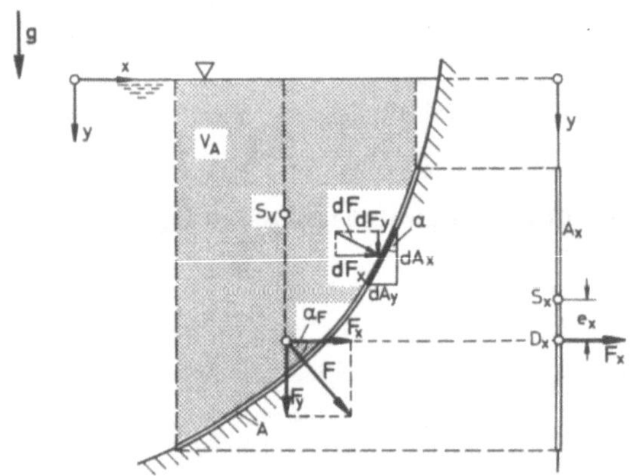

Abb. 13:
Druckkraft auf eine
gekrümmte Wand

Zur Lösung dieser Aufgabe wird die Druckkraft in ihre horizontale Komponente F_x und ihre vertikale Komponente F_y zerlegt. Für beide Komponenten werden Betrag und Angriffspunkt getrennt bestimmt. Damit lassen sich dann Betrag, Richtung und Lage der Wirkungslinie für die resultierende Druckkraft ermitteln.

Aus der Fläche A sei zunächst ein kleines und daher ebenes Flächenelement dA herausgegriffen. Dieses möge gegenüber der Vertikalen den örtlichen Neigungswinkel α besitzen. Die Druckkraft dF auf dieses Flächenelement könnte nach den Formeln für Druckkräfte an ebenen Wänden ermittelt werden. Die Schwierigkeit bestünde dann jedoch im Zusammensetzen der elementaren Druckkräfte dF zu einer Resultierenden, da der Neigungswinkel α über der Fläche A veränderlich ist. Deshalb erfolgt bereits für die elementaren Druckkräfte dF die Zerlegung in horizontale und vertikale Komponenten, die getrennt aufintegriert werden können.

Horizontalkomponente F_x

Die skalare horizontale Komponente dF_x ergibt sich nach Abb. 13 zu:

$$dF_x = dF \cos \alpha .$$

Mit

$$dF = [p(y) - p_0]\, dA \tag{32}$$

und

$$dA_x = dA \cos \alpha$$

folgt daraus

$$dF_x = [p(y) - p_0]\, dA_x . \tag{33}$$

Gl. (33) enthält nicht mehr den örtlich veränderlichen Neigungswinkel α, so daß eine Integration einfach möglich ist. Es gilt

$$F_x = \iint\limits_{A_x} [p(y) - p_0]\, dA_x \tag{34}$$

oder nach Berücksichtigung der hydrostatischen Grundgleichung, Gl. (7),

$$F_x = \rho\, g \iint\limits_{A_x} y\, dA_x . \tag{35}$$

Wie ein Vergleich mit Gl. (18) zeigt, entspricht Gl. (35) der Beziehung für die Druckkraft auf eine vertikale Wand. Im vorliegenden Fall ist allerdings die vertikale Wand nicht tatsächlich vorhanden, sie ergibt sich gedanklich als horizontale Projektion der gekrümmten Wand. Die horizontale Projektion der Fläche A auf der gekrümmten Wand ist dann die Fläche A_x auf der vertikalen Wand. Wird mit S_x der Flächenschwerpunkt von A_x bezeichnet, läßt sich entsprechend Gl. (21) für die Horizontalkomponente der resultierenden Kraft auf eine gekrümmte Wand schreiben:

$$F_x = (p_{Sx} - p_0)\, A_x . \tag{36}$$

Dabei ist p_{Sx} der Druck im Schwerpunkt S_x der Projektionsfläche A_x.
Die Lage der Wirkungslinie von F_x, d.h. der Abstand e_x in Abb. 13, läßt sich nach Gl. (28) bestimmen.

Vertikalkomponente F_y

Für die skalare Komponente dF_y der elementaren Druckkraft dF ergibt sich nach Abb. 13

$$dF_y = dF \sin \alpha$$

oder wegen Gl. (7), Gl. (32) und

$$dA_y = dA \sin \alpha$$

schließlich

$$dF_y = \rho\, g\, y\, dA_y .$$

Integration liefert

$$F_y = \rho\, g \iint\limits_{A_y} y\, dA_y \ . \tag{37}$$

Das Integral in Gl. (37) ist das in Abb. 13 durch Tönung gekennzeichnete Volumen V_A über der Fläche A. Es gilt also

$$F_y = \rho\, g\, V_A \ . \tag{38}$$

Das entspricht der Gewichtskraft des Fluids im Volumen V_A. Ist die Wand von oben benetzt, ist die Kraft nach unten gerichtet (F_y ist positiv), ihr Angriffspunkt liegt im Volumenschwerpunkt S_V, da die Dichte ρ des Fluids konstant ist.

Wird die Wand von unten benetzt, wie im rechten Teil des Gefäßes in Abb. 14, dann ist F_y nach oben gerichtet, F_y ist also negativ. Der Betrag von F_y entspricht dann der Gewichtskraft eines *fiktiven Fluidvolumens*, das über der Wand bis zur Ebene der Oberfläche ($y = 0$) angenommen werden muß.

An den beiden Viertelzylindern des Gefäßes in Abb. 14 ergeben sich Vertikalkomponenten mit gleichem Betrag, jedoch entgegengesetzter Richtung. Man erkennt hier auch die Erklärung für das *Pascal*sche Paradoxon (Kap. 3.1.). Die Druckkraft auf eine horizontale Wand ist gleich der Gewichtskraft des Fluids im darüber befindlichen Volumen, das im allgemeinen durch ein fiktives Fluidvolumen ergänzt werden muß.

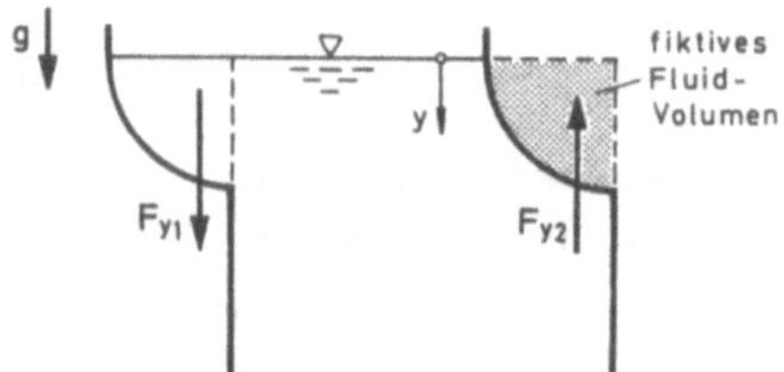

Abb. 14:
Fiktives Volumen bei von unten
benetzter Fläche

Satz 6: Die Vertikalkomponente der resultierenden Druckkraft auf eine gekrümmte Wand ist gleich der Gewichtskraft des (evtl. fiktiven) Fluidvolumens über der gekrümmten Wand. Der Angriffspunkt liegt im Volumenschwerpunkt S_V.

Resultierende Druckkraft **F**

Aus den beiden Komponenten nach Gl. (36) und Gl. (38) erhält man für den

Betrag der resultierenden Druckkraft

$$F = \sqrt{F_x{}^2 + F_y{}^2} \qquad (39)$$

und für den Neigungswinkel α_F (Abb. 13)

$$\tan \alpha_F = \frac{F_y}{F_x} \ . \qquad (40)$$

Es gilt $\alpha_F = 0$ für eine vertikale ebene Wand und $\alpha_F = 90°$ für eine horizontale Wand.

Die Wirkungslinie der resultierenden Druckkraft F geht durch den Schnittpunkt der Wirkungslinien der Komponenten. Diese sind durch die Angriffspunkte D_x bzw. S_V festgelegt.

Die Ermittlung der Druckkraft wurde für eine zylindrische Wand gezeigt. Die Ergebnisse gelten jedoch auch für doppelt gekrümmte Wände, also z.B. für kugelförmige Wände. Es tritt dann lediglich die dritte Komponente F_z hinzu, die ebenfalls durch horizontale Projektion in z-Richtung bestimmt wird.

Beispiel 8: Walzenwehr

gegeben: ρ, g, R, b (Walzenbreite), Abb. 15
gesucht: Druckkraft F und deren Wirkungslinie.

Lösung:

Horizontalkomponente, Gl. (36):

$$F_x = \rho \, g \, R \, b \, 2R = 2 \, \rho \, g \, R^2 \, b.$$

Lage des Angriffspunktes D_x, Gl. (28):

$$e_x = \frac{I_{Sx}}{y_{Sx} A_x} = \frac{\frac{1}{12} b (2R)^3}{R \, 2R \, b} = \frac{1}{3} R.$$

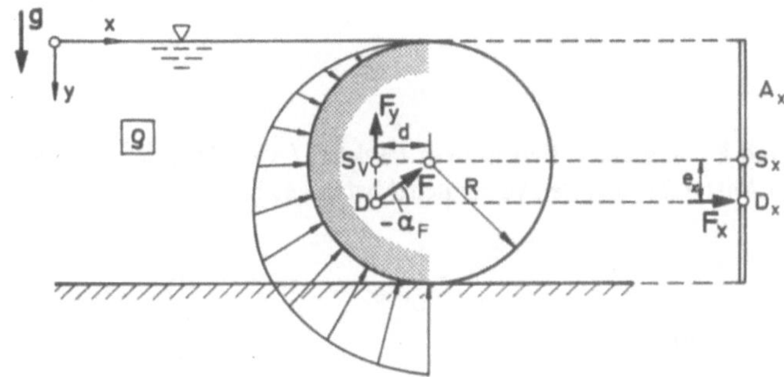

Abb. 15:
Walzenwehr (Breite b)

Vertikalkomponente auf den unteren Viertelzylinder, Gl. (38):

$$F_{y1} = -\rho\, g \left(\frac{1}{4}\, \pi\, R^2 + R^2 \right) b$$

(nach oben gerichtet).

Vertikalkomponente auf den oberen Viertelzylinder, Gl. (38):

$$F_{y2} = \rho\, g \left(R^2 - \frac{1}{4}\, \pi\, R^2 \right) b$$

(nach unten gerichtet).

Resultierende Vertikalkomponente:

$$F_y = F_{y1} + F_{y2} = -\left(\frac{1}{2}\, \rho\, g\, \pi\, R^2 \right) b$$

(nach oben gerichtet).

Das entspricht der Gewichtskraft des durch die Halbwalze verdrängten Fluidvolumens.

Angriffspunkt der Vertikalkomponente:

Der Flächenschwerpunkt S_V des Halbkreises liegt in der Höhe des Kreismittelpunktes im Abstand

$$d = \frac{4R}{3\pi}$$

von diesem entfernt.

Resultierende Druckkraft, Gl. (39):

$$F = \sqrt{F_x{}^2 + F_y{}^2} = \rho\, g\, R^2\, b\, \sqrt{4 + \left(\frac{\pi}{2} \right)^2}\,.$$

Richtung der Druckkraft F, Gl. (40):

$$\tan \alpha_F = \frac{F_y}{F_x} = -\frac{\pi}{4}$$

$$\alpha_F = -38{,}2°\,.$$

Wirkungslinie von **F**:

Die Wirkungslinien von F_x und F_y schneiden sich in dem Punkt D (Abb. 15), der von der Walzenachse den horizontalen Abstand d und den vertikalen Abstand e_x besitzt.

Nun gilt:

$$\frac{e_x}{d} = \frac{\dfrac{R}{3}}{\dfrac{4R}{3\pi}} = \frac{\pi}{4} = -\tan \alpha_F\,.$$

Die Wirkungslinie von **F** geht also durch die Walzenachse. Dieses Ergebnis war zu erwarten, da alle elementaren Druckkräfte d**F** bei einer Kreiszylinderwand bereits auf die Zylinderachse gerichtet sind.

3.4. Statischer Auftrieb (Gesetz von A r c h i m e d e s)

Ein Körper mit dem Volumen V_K sei entsprechend Abb. 16 ganz in ein Fluid eingetaucht. Gesucht ist die resultierende Druckkraft auf den Körper. Die in Kap. 3.3. beschriebene Ermittlung der Druckkräfte auf gekrümmte Wände läßt sich auf diesen Fall anwenden. Die horizontalen Komponenten F_x und F_z der Druckkraft verschwinden. Am Beispiel der Komponente F_x ist das in Abb. 16 verdeutlicht. Die Projektionsflächen in positiver und negativer x-Richtung sind gleich, daher heben sich die beiden Druckkräfte F_x gegenseitig auf. Entsprechendes gilt für die z-Richtung.

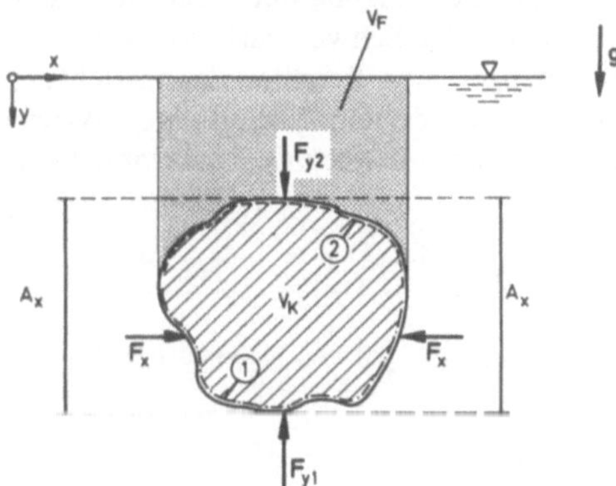

Abb. 16:
Druckkräfte am eingetauchten Körper

Zur Bestimmung der verbleibenden vertikalen Druckkraft denkt man sich die Körperoberfläche in zwei Teile aufgeteilt. Im unteren Teil 1 soll der Körper von unten, im oberen Teil 2 von oben benetzt werden.
Für die Druckkraft gilt dann nach Gl. (38):

$$F_y = F_{y1} + F_{y2} = -\rho\, g\,(V_K + V_F) + \rho\, g\, V_F$$

oder

$$F_y = -\rho\, g\, V_K . \tag{41}$$

Dabei ist V_F das über dem Körper befindliche Fluidvolumen. Nach Gl. (41) ist die Druckkraft nach oben gerichtet. Den Betrag $|F_y|$ bezeichnet man daher als *Auftrieb*, genauer als *statischen Auftrieb* im Gegensatz zum *dynamischen Auftrieb*, der bei der Umströmung eines Körpers entstehen kann (vgl. Kap. 14.3).

Satz 7: Der statische Auftrieb eines allseitig benetzten Körpers ist gleich der Gewichtskraft des von ihm verdrängten Fluidvolumens

$$A = \rho \, g \, V_K \; . \tag{42}$$

Der Angriffspunkt des Auftriebs ist der Volumenschwerpunkt des verdrängten Volumens (*Gesetz von A r c h i m e d e s*).

Der Volumenschwerpunkt weicht vom Körperschwerpunkt ab, wenn das Material des Körpers inhomogen ist.

3.5. Fluid in gleichförmiger Beschleunigung

Es wird entsprechend Abb. 17 ein mit Fluid gefülltes Gefäß betrachtet, das gleichförmig beschleunigt wird. Das Fluid befinde sich in bezug auf das Gefäß in Ruhe. Die Druckverteilung im Fluid und die Neigung der Oberfläche sind gesucht. Jedes Fluidteilchen ist jetzt nicht nur der Schwerkraft, sondern auch der Trägheitskraft (*d'Alembert*-Kraft) entgegen der Beschleunigungsrichtung ausgesetzt. Das Fluid verhält sich so, als ob es unter dem Einfluß einer fiktiven Fallbeschleunigung g_F steht, die sich aus g und $-b$ vektoriell zusammensetzt

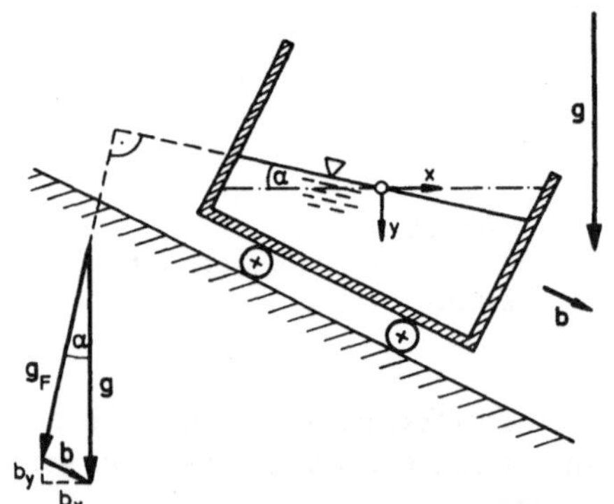

Abb. 17:
Fluid in gleichförmiger Beschleunigung

und den Winkel α mit der Fallbeschleunigung g bildet. Dieser Winkel α ist auch der Neigungswinkel der Oberfläche gegenüber der Horizontalen. Wenn der Beschleunigungsvektor b die skalaren Komponenten b_x und b_y besitzt, dann gilt für den Neigungswinkel α:

$$\tan \alpha = \frac{b_x}{g - b_y} \; . \tag{43}$$

Der Winkel α ist unabhängig von der Dichte des Fluids. Zur Berechnung der Druckverteilung können die bisherigen Gesetze angewendet werden, wenn man mit einer um α gedrehten fiktiven Fallbeschleunigung g_F rechnet.

3.6. Fluid in gleichförmiger Rotation

In einem Gefäß, das mit konstanter Winkelgeschwindigkeit ω rotiert, (Abb. 18), befinde sich ein Fluid. Die Form der Oberfläche und die Druckverteilung im Fluid sind gesucht. Dazu wird ein Fluidelement der Masse dm = ρ dA dr mit dem Achsenabstand r herausgegriffen. Da sich das Fluid in bezug auf das Gefäß nicht bewegen soll, muß die an dem Fluidelement angreifende *Zentrifugalkraft* mit einer entsprechenden Druckkraft im Gleichgewicht stehen.

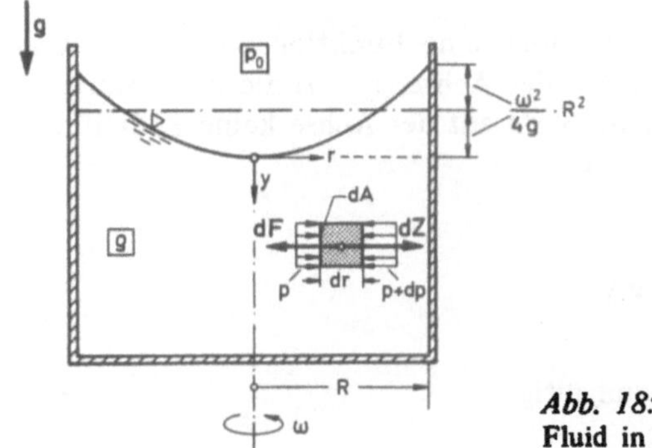

Abb. 18:
Fluid in gleichförmiger Rotation

Für den Betrag der Zentrifugalkraft gilt

$$dZ = \omega^2 \, r \, dm \, .$$

Die nach innen gerichtete Druckkraft hat den Betrag

$$dF = (p + dp) \, dA - p dA = dp \, dA \, .$$

Aus dem Gleichgewicht (dZ = dF) folgt

$$dp \, dA = \omega^2 \, r \, \rho \, dA \, dr$$

oder

$$\frac{dp}{dr} = \rho \, \omega^2 \, r \, . \tag{44}$$

Statt ω kann auch die örtliche Umfangsgeschwindigkeit

$$u = \omega \, r \tag{45}$$

eingesetzt werden. Damit gilt der

Satz 8: In einem gleichförmig rotierenden Fluid nimmt der Druck radial nach
außen zu.

$$\frac{dp}{dr} = \rho \, \omega^2 \, r = \rho \, \frac{u^2}{r} \tag{46}$$

Die Druckverteilung im Gefäß ergibt sich durch Integration von Gl. (44) über r:

$$dp = \rho \, \omega^2 \, r \, dr$$

$$p(y, r) = \rho \, \omega^2 \int r \, dr = \rho \, \omega^2 \, \frac{r^2}{2} + C(y) \; .$$

Die „Integrationskonstante" $C(y)$ kann noch eine Funktion von y sein. Man
bestimmt sie aus der Bedingung, daß auf der Achse ($r = 0$) die hydrostatische
Grundgleichung nach Gl. (7) gelten muß, da auf der Achse keine Zentrifugalkraft, sondern nur die Schwerkraft wirkt.

Es gilt also

$$p(y, r = 0) = C(y) = p_0 + \rho \, g \, y \; .$$

Damit folgt für die Druckverteilung endgültig

$$p(y, r) = p_0 + \rho \, g \, y + \frac{1}{2} \, \rho \, \omega^2 \, r^2 \; .$$

An der Oberfläche gilt $p = p_0$. Daraus folgt die Beziehung für die Form $y_0(r)$
der Oberfläche:

$$p_0 = p_0 + \rho \, g \, y_0 + \frac{1}{2} \, \rho \, \omega^2 \, r^2$$

$$y_0(r) = - \frac{\omega^2}{2g} \, r^2$$

Es handelt sich um ein Paraboloid.

Da das Paraboloid gerade das halbe Volumen des Kreiszylinders mit gleichem
Radius und gleicher Höhe besitzt, würde sich bei Ruhe des Gefäßes die Oberfläche in der Mitte zwischen höchster und tiefster Stelle der gekrümmten Oberfläche einstellen. Das gilt, solange der Gefäßboden benetzt bleibt.

Satz 9: Die Form der Oberfläche eines gleichförmig rotierenden Fluids ist
unabhängig von der Dichte des Fluids.

Beispiel 9: Rotierendes Fluid

Ein zylindrisches Gefäß (Radius R, Höhe H) ist mit einem Fluid bis zur Höhe h gefüllt (Abb. 19). Wie groß darf die Winkelgeschwindigkeit ω höchstens sein, damit kein Fluid über den Gefäßrand ausgetragen wird? Wie groß muß h sein, damit der Gefäßboden vollständig benetzt bleibt?

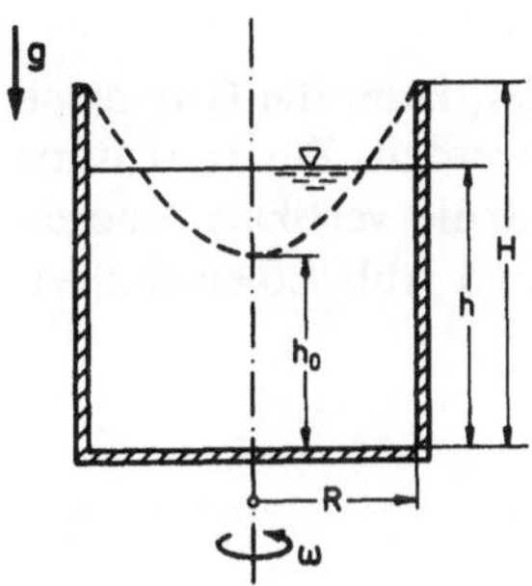

Abb. 19:
Fluid in rotierendem Gefäß

Lösung:

Es sei der Grenzfall betrachtet, in dem das Fluid außen gerade den Gefäßrand erreicht (gestrichelte Oberfläche in Abb. 19).

Nach Abb. 18 gilt

$$H - h = \frac{\omega^2}{4g} R^2$$

oder

$$\omega = \frac{2}{R} \sqrt{g(H - h)} \, .$$

Wird die Höhe der tiefsten Stelle der Oberfläche mit h_0 bezeichnet, ergibt sich die ursprüngliche Höhe h als arithmetisches Mittel von h_0 und H (vgl. Abb. 18), also

$$h = \frac{1}{2} (h_0 + H) \, .$$

Wenn $h_0 \geq 0$ gelten soll, muß die Bedingung

$$h \geq \frac{1}{2} H$$

erfüllt sein.

4. Aerostatik

4.1. Grundgleichungen

Die Aerostatik befaßt sich mit ruhenden kompressiblen Fluiden, die unter dem
Einfluß von Beschleunigungen stehen. Wichtigste Anwendung ist die Bestimmung der Zustandsgrößen der Luft in der Erdatmosphäre.
Da bei kompressiblen Fluiden die Dichte veränderlich ist, kann die Grundgleichung der Hydrostatik, Gl. (7), nicht mehr verwendet werden. Zur Herleitung
der entsprechenden Beziehung für die Aerostatik wird die vertikale Koordinate z als einzige unabhängige Veränderliche entsprechend Abb. 20 eingeführt.

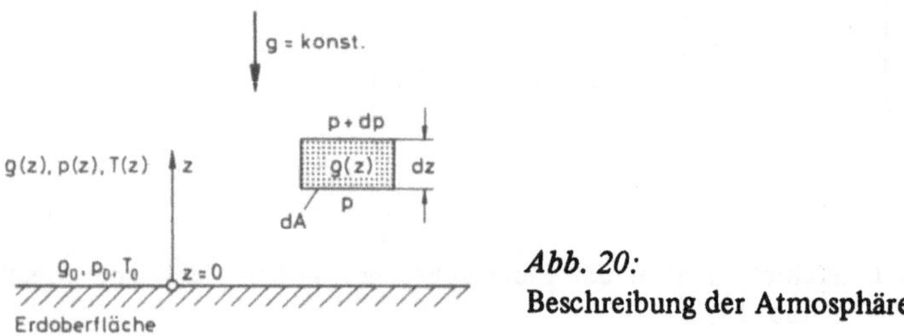

Abb. 20:
Beschreibung der Atmosphäre

Für das eingezeichnete Fluidelement mit der horizontalen Querschnittsfläche
dA und der Höhe dz besteht Gleichgewicht zwischen der Gewichtskraft und der
Druckkraft. Daraus folgt

$$p \, dA - (p + dp) \, dA = \rho \, (z) \, g \, dz \, dA \qquad (47)$$

oder schließlich die *aerostatische Grundgleichung*

$$\frac{dp}{dz} = - \rho(z) \, g \, . \qquad (48)$$

Diese Gleichung gilt auch für eine von z abhängige Fallbeschleunigung g. Im
folgenden· soll jedoch konstante Fallbeschleunigung vorausgesetzt werden. Für
die meisten praktischen Anwendungen (z < 20 km) ist diese Voraussetzung gut
erfüllt.

Satz 10: In der Atmosphäre nimmt der Druck mit der Höhe ab.

Nach formaler Integration der Gl. (48) ergibt sich

$$z = \int\limits_0^z dz = - \frac{1}{g} \int\limits_{p_0}^{p(z)} \frac{dp}{\rho \, (p)} \, . \qquad (49)$$

Ist der Zusammenhang $\rho(p)$ zwischen Dichte und Druck bekannt, läßt sich die Integration in Gl. (49) durchführen. Man erhält dann die Beziehung z(p) und durch Umkehrung den gesuchten Druckverlauf p(z) über der Höhe z.

Der Zusammenhang zwischen Dichte und Druck ist durch die Zustandsgleichung der Luft gegeben. In guter Näherung kann die Luft in der Atmosphäre als ideales Gas angesehen werden.

Definition 4:

Ein Gas heißt *ideales Gas*, wenn es die *Zustandsgleichung*

$$\frac{p}{\rho} = R\,T \qquad (50)$$

erfüllt. Dabei ist T die absolute Temperatur. Die Einheit von T ist *Kelvin*, [T] = K. Die Konstante R heißt *spezielle Gaskonstante.*

Für Luft gilt

$$R = 287\,\frac{m^2}{s^2\,K} \quad \text{(Luft)} . \qquad (51)$$

In Gl. (50) tritt die Temperatur als zusätzliche Zustandsgröße auf. Um die Verteilung für den Druck p(z) und die Dichte $\rho(z)$ in der Atmosphäre bestimmen zu können, muß noch die Verteilung der Temperatur T(z) bekannt sein.

Durch geeignete Annahmen über den Temperaturverlauf T(z) erhält man entsprechende Modelle zur Beschreibung der Atmosphäre. Konstante Temperatur und lineare Temperaturverteilungen spielen dabei die wichtigste Rolle, wie im folgenden ausgeführt wird.

4.2. Isotherme Atmosphäre

Für die *isotherme Atmosphäre* gilt

$$T = T_0 = \text{konst} . \qquad (52)$$

Dann folgt aus Gl. (50)

$$\frac{1}{\rho} = RT_0\,\frac{1}{p} . \qquad (53)$$

Einsetzen in Gl. (49) ergibt

$$z = -\,\frac{RT_0}{g}\int_{p_0}^{p(z)}\frac{dp}{p} = -\,\frac{RT_0}{g}\ln\frac{p(z)}{p_0} \qquad (54)$$

Zur Abkürzung wird gesetzt

$$H_0 = \frac{RT_0}{g} = \frac{p_0}{\rho_0 g} , \qquad (55)$$

wobei Gl. (50) für den Zustand am Boden verwendet wurde. H_0 ist eine Länge und kann als die Höhe einer gleichförmigen Atmosphäre mit konstanter Dichte ρ_0 gedeutet werden. Gl. (55) folgt dann aus dem hydrostatischen Grundgesetz, Gl. (7), für $p = 0$, d.h. in der Höhe H_0 läge Vakuum vor.

Umkehrung von Gl. (54) und Berücksichtigung der Gln. (50) und (55) liefern die sogenannte *barometrische Höhenformel*

$$\frac{p(z)}{p_0} = \frac{\rho(z)}{\rho_0} = e^{-\frac{z}{H_0}} . \tag{56}$$

Durch den Zusammenhang zwischen p und z kann mit Hilfe einer Druckmessung die Höhe z in der Atmosphäre bestimmt werden.

Beispiel 10: Barometrische Höhenbestimmung

In einem Segelflugzeug zeigt das Barometer den Druck $p = 9 \cdot 10^4$ Pa an. Die Bodenwerte der Atmosphäre sind bekannt:

$$p_0 = 1{,}013 \cdot 10^5 \text{ Pa}, \qquad \rho_0 = 1{,}225 \text{ kg/m}^3 .$$

In welcher Höhe fliegt das Segelflugzeug bei Annahme isothermer Atmosphäre ($g = 9{,}81$ m/s^2)?

Lösung:

Aus Gl. (55) folgt

$$H_0 = \frac{p_0}{\rho_0 g} = 8430 \text{ m}$$

und aus Gl. (54)

$$z = -H_0 \ln \frac{p}{p_0} = 997 \text{ m} .$$

4.3. Isentrope Atmosphäre

Bei der *isentropen Atmosphäre* wird angenommen, daß die *Entropie* konstant ist. Wenn es durch Störungen zu Bewegungen von Luftmassen in andere Höhen kommt, sollen sich Druck, Dichte und Temperatur gerade so ändern, daß kein Wärmeaustausch mit der Umgebung (*adiabat*) und keine Reibungsverluste (*reversibel*) auftreten. Eine adiabate, reversible Zustandsänderung heißt *isentrop*. Für sie gilt bei idealen Gasen (Gl. 50):

$$\frac{p}{\rho^\kappa} = \frac{p_0}{\rho_0{}^\kappa} = \text{konst.} \tag{57}$$

Dabei ist κ der *Isentropenexponent.* Für Luft gilt:

$$\kappa = 1,4 \qquad \text{(Luft)} \,. \tag{58}$$

Aus Gl. (57) folgt

$$\frac{1}{\rho} = \frac{p_0^{\frac{1}{\kappa}}}{\rho_0} \, p^{-\frac{1}{\kappa}} \,. \tag{59}$$

Einsetzen in Gl. (49) ergibt

$$z = -\frac{p_0^{\frac{1}{\kappa}}}{\rho_0 g} \int\limits_{p_0}^{p(z)} p^{-\frac{1}{\kappa}} \, dp \tag{60}$$

$$z = H_0 \, \frac{\kappa}{\kappa-1} \left[1 - \left(\frac{p}{p_0}\right)^{\frac{\kappa-1}{\kappa}} \right]. \tag{61}$$

Umkehrung liefert den *Druckverlauf in isentroper Atmosphäre:*

$$\frac{p(z)}{p_0} = \left[1 - \frac{\kappa-1}{\kappa} \, \frac{z}{H_0} \right]^{\frac{\kappa}{\kappa-1}} \,. \tag{62}$$

Mit Hilfe von Gl. (57) erhält man daraus auch den *Dichteverlauf in isentroper Atmosphäre:*

$$\frac{\rho(z)}{\rho_0} = \left[1 - \frac{\kappa-1}{\kappa} \, \frac{z}{H_0} \right]^{\frac{1}{\kappa-1}} \,. \tag{63}$$

Aus Gl. (50) kann nun der Temperaturverlauf bestimmt werden. Einsetzen liefert den *Temperaturverlauf in isentroper* Atmosphäre:

$$\frac{T(z)}{T_0} = 1 - \frac{\kappa-1}{\kappa} \, \frac{z}{H_0} \,. \tag{64}$$

Der *Temperaturgradient* ergibt sich zu:

$$\frac{dT}{dz} = - \frac{\kappa-1}{\kappa} \, \frac{T_0}{H_0} \,. \tag{65}$$

Für Standardbedingungen am Boden (vgl. Tabelle 2 bei $z = 0$) gilt

$$\frac{dT}{dz} = - 0,01 \, \frac{K}{m} \,. \tag{66}$$

Satz 11: In isentroper Atmosphäre nimmt die Temperatur linear mit der Höhe ab, und zwar um 1 K pro 100 m bei Standardbedingungen.

4.4. Polytrope Atmosphäre (Standard-Atmosphäre)

Bei der *polytropen Atmosphäre* geht man von dem allgemeinen (empirischen) Ansatz aus:

$$\frac{p}{\rho^n} = \frac{p_0}{\rho_0{}^n} = \text{konst.} \tag{67}$$

wobei n *Polytropenexponent* genannt wird. Die beiden bisher beschriebenen Modelle für die Atmosphäre sind Sonderfälle der polytropen Atmosphäre. Für n = 1 erhält man die isotherme, für n = κ = 1,4 die isentrope Atmosphäre.
Für die polytrope Atmosphäre gelten die gleichen Beziehungen wie für die isentrope Atmosphäre, wenn κ jeweils durch n ersetzt wird.
Mit

$$\lim_{N \to \infty} \left(1 + \frac{x}{N}\right)^N = e^x \tag{68}$$

ergibt sich auch der Grenzfall n = 1.
Die Erdatmosphäre verhält sich bis zur Höhe von etwa 11 km im Mittel recht gut wie eine polytrope Atmosphäre. Es wurde daher folgende *Standardatmosphäre* definiert:

Definition 5:

Die Standardatmosphäre ist bis zur Höhe von 11 km (*Troposphäre*) eine polytrope Atmosphäre mit folgenden Daten:

$$n = 1,235$$

$$\frac{dT}{dz} = -0,0065 \, \frac{K}{m}$$

$$p_0 = 1,01325 \cdot 10^5 \, \text{Pa}$$

$$\rho_0 = 1,225 \, \frac{kg}{m^3}$$

$$T_0 = 288,15 \, \text{K}$$

$$g = 9,8067 \, \frac{m}{s^2}$$

$$H_0 = 8434 \, \text{m}$$

Zahlenwerte sind in Tabelle 2 zusammengestellt.
Oberhalb 11 km ist die Temperatur der Standardatmosphäre bis 20 km Höhe konstant (bei − 56,5° C).

Tabelle 2: Zahlenwerte für die Standardatmosphäre

$\dfrac{z}{\text{km}}$	$\dfrac{p}{\text{Pa}}$	$\dfrac{\rho}{\text{kg/m}^3}$	$\dfrac{T}{\text{K}}$
0	$1{,}01325 \cdot 10^5$	1,2250	288,15
1	$8{,}988 \cdot 10^4$	1,112	281,7
2	$7{,}950 \cdot 10^4$	1,007	275,2
3	$7{,}012 \cdot 10^4$	0,909	268,7
4	$6{,}166 \cdot 10^4$	0,819	262,2
5	$5{,}405 \cdot 10^4$	0,736	255,7
6	$4{,}722 \cdot 10^4$	0,660	249,2
7	$4{,}111 \cdot 10^4$	0,590	242,7
8	$3{,}565 \cdot 10^4$	0,526	236,2
9	$3{,}080 \cdot 10^4$	0,467	229,7
10	$2{,}650 \cdot 10^4$	0,414	223,3
11	$2{,}270 \cdot 10^4$	0,365	216,8

II. Dynamik der Fluide

5. Beschreibung von Strömungen

Die *Dynamik der Fluide* (Strömungsmechanik im engeren Sinne) befaßt sich mit Strömungen von Fluiden. Um die Bewegung des Fluids in einer Strömung zu beschreiben, gibt es zwei verschiedene Darstellungsmethoden:

1. Die *L a g r a n g e sche Betrachtungsweise* verfolgt die Bewegungen der einzelnen Teilchen des Fluids in ihrem zeitlichen Verlauf. Diese Methode ist aus der Punktmechanik übernommen. Sie wird in der Strömungsmechanik nur selten benutzt, da meist großer mathematischer Aufwand erforderlich ist, und soll daher im folgenden nicht weiter behandelt werden.
2. Die *E u l e r sche Betrachtungsweise* beschreibt die Strömung in einem vorgegebenen Koordinatensystem. In jedem Punkt des Koordinatensystems werden Dichte ρ, Druck p, Temperatur T und Geschwindigkeit **w** bestimmt. Dabei handelt es sich um die Werte des gerade an dem betreffenden Punkt befindlichen Fluidelementes. Es interessiert also nicht das Einzelschicksal der Fluidteilchen, sondern nur das Verhalten ständig wechselnder Fluidteilchen, die einen vorgegebenen Punkt passieren. Die Größen ρ, p, T und **w** sind im allgemeinen Funktionen des Ortes und der Zeit.

Definition 6:

Eine Strömung, deren charakteristische Größen (Dichte, Druck, Temperatur und Geschwindigkeit) von der Zeit unabhängig sind, heißt *stationär*. Sind die Größen von der Zeit abhängig, handelt es sich um eine *instationäre Strömung*.

Sieht man von der einfachen Strömung mit konstanter Geschwindigkeit (*Translationsströmung*) ab, so läßt sich durch Bewegung des Koordinatensystems aus einer stationären Strömung stets eine instationäre Strömung herstellen. Umgekehrt läßt sich nur in wenigen Fällen aus einer instationären Strömung durch Bewegung des Koordinatensystems eine stationäre Strömung erzeugen. Die im folgenden benutzten Koordinatensysteme sind entweder raumfest oder bewegen sich mit konstanter Geschwindigkeit.
Sehr viele praktische Strömungsvorgänge lassen sich in guter Näherung als stationär betrachten. Es werden daher in den folgenden Kapiteln nur stationäre Strömungen behandelt. Lediglich in Kap. 18 sind die wichtigsten Gesetzmäßigkeiten für instationäre Strömungen kurz dargestellt.

Auf die Beschreibung der Temperatur im Strömungsfeld wird im folgenden bis auf wenige Ausnahmen (Kap. 8.1 und Kap. 9) verzichtet. Das ist zulässig, da nur zwei einfache Fluide (*Modell-Fluide*) betrachtet werden:

1. *Inkompressibles Fluid*, ρ = konst.
   In diesem Fall hat das Temperaturfeld keinen Einfluß auf das Druck- und Geschwindigkeitsfeld, wenn neben der Dichte auch alle übrigen Stoffwerte (z.B. Viskosität, vgl. Kap. 6) konstant sind.
2. *Ideales Gas*, $p = \rho\,R\,T$.
   In diesem Fall genügt die Kenntnis von Druck p und Dichte ρ, um die Temperatur T zu berechnen.

Wird ein kartesisches Koordinatensystem (x,y,z) eingeführt, dann gilt für Druck, Dichte und Geschwindigkeit einer stationären Strömung:

$$p = p(x, y, z)$$

$$\rho = \rho(x, y, z) \tag{69}$$

$$w = w(x, y, z).$$

Definition 7:

Eine Strömung, deren charakteristische Größen (Dichte, Druck, Geschwindigkeit) nur von zwei Koordinaten abhängen, heißt *ebene Strömung* oder *zweidimensionale Strömung*.

In Abb. 21 ist für eine ebene Strömung das Feld der Geschwindigkeitsvektoren skizziert.

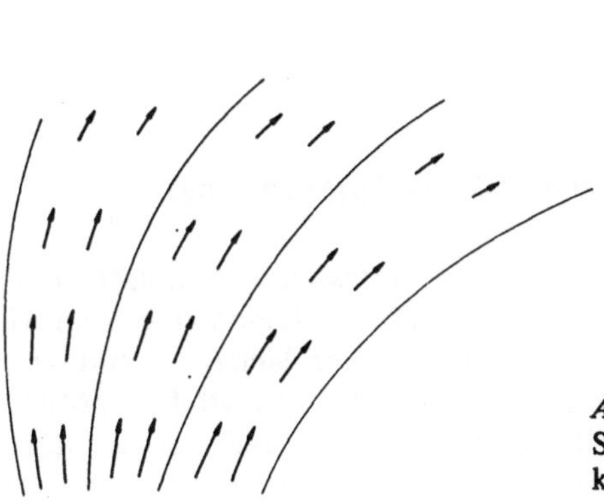

Abb. 21:
Stromlinien im Feld der Geschwindigkeitsvektoren

Definition 8:

Linien, die überall tangential zu den örtlichen Geschwindigkeitsvektoren verlaufen, heißen *Stromlinien*.

Definition 9:

Alle Stromlinien, die eine ortsfeste, geschlossene Raumkurve berühren, bilden eine *Stromröhre*. Ist der Querschnitt der Stromröhre infinitesimal klein, spricht man von einem *Stromfaden* (Abb. 22).

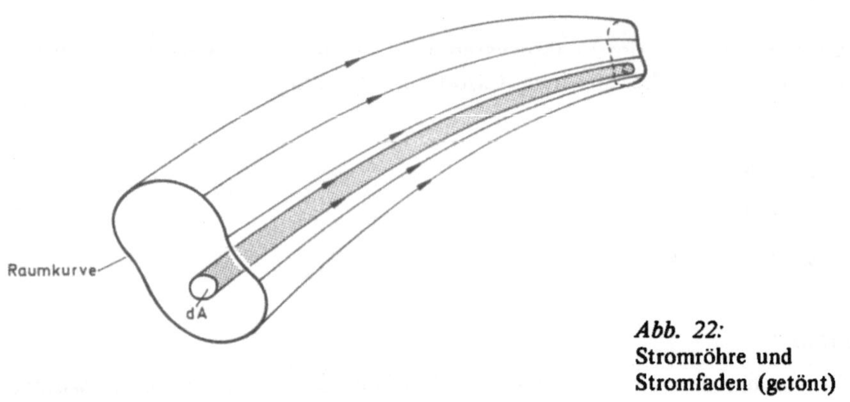

Abb. 22:
Stromröhre und
Stromfaden (getönt)

Beim Stromfaden sind Druck, Dichte und Geschwindigkeit über der Querschnittsfläche dA konstant. Das muß für den Querschnitt der Stromröhre nicht gelten. Wenn es jedoch gilt, spricht man auch bei Stromröhren von *Stromfadentheorie*.

6. Viskosität

Satz 12: In Strömungen haftet das Fluid an der Wand (*Haftbedingung*).

Nach Abb. 23 befinde sich ein Fluid zwischen einer festen Grundplatte und einer im Abstand h dazu parallelen Platte, die mit der Geschwindigkeit U bewegt wird (*C o u e t t e -Strömung*). Bei einer Plattenfläche A wird zur Bewegung der oberen Platte die *Tangentialkraft* oder *Schubkraft* F benötigt, die vom Fluid auf die feste Grundplatte übertragen wird und mit der dort angreifenden gleich großen Reaktionskraft im Gleichgewicht steht.

Definition 10:

In einem Fluid ist die *Schubspannung* τ das Verhältnis der Schubkraft zur
Fläche, an der die Schubkraft angreift.

$$\tau = \frac{F}{A} , \qquad [\tau] = \frac{N}{m^2} = Pa . \tag{70}$$

Es sei angemerkt, daß in allgemeiner dreidimenionaler Strömung die eine Größe
τ nicht ausreicht, um die Schubkräfte in der Strömung zu beschreiben. Für
ebene Strömungen kommt man jedoch damit aus.

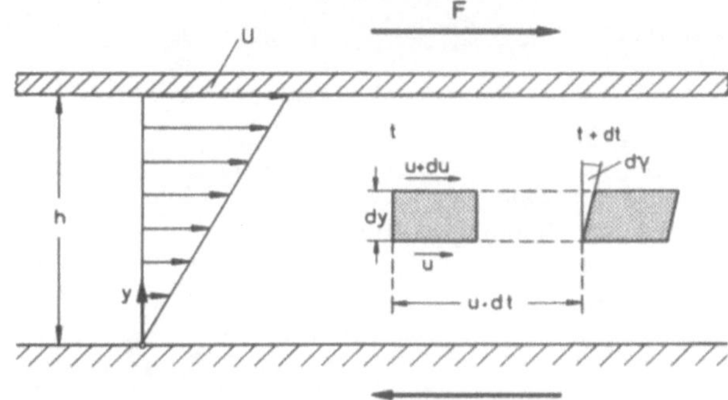

Abb. 23:
Couette-Strömung

Wegen der Haftbedingung stellt sich zwischen den beiden Platten eine Geschwindigkeitsverteilung u(y) ein, die in diesem Falle linear ist. Für den
Geschwindigkeitsgradienten gilt

$$\frac{du}{dy} = \frac{U}{h} . \tag{71}$$

Aus der Strömung sei ein Fluidelement herausgegriffen (Abb. 23), das zur Zeit
t die Form eines Quaders mit der Höhe dy hat. Da die Oberkante des Elementes
größere Geschwindigkeit als die Unterkante besitzt, hat sich nach der Zeit dt
der Quader zu einem Parallelepiped deformiert.
Für den Scherwinkel dγ zur Zeit t + dt gilt

$$d\gamma = \frac{(u + du)\,dt - u\,dt}{dy} = \frac{du}{dy}\,dt$$

oder

$$\frac{d\gamma}{dt} = \dot{\gamma} = \frac{du}{dy} . \tag{72}$$

Satz 13: Die *Scherwinkelgeschwindigkeit* $\dot{\gamma}$ ist gleich dem Geschwindigkeitsgradienten (du/dy).

Definition 11:

Der Zusammenhang zwischen Schubspannung τ (Belastung) und Geschwindigkeitsgradient (Deformation $\dot{\gamma}$) heißt *Reibungsgesetz*.

$$\tau = f\left(\frac{du}{dy}\right). \tag{73}$$

Das Reibungsgesetz ist eine Stoffeigenschaft des Fluids.

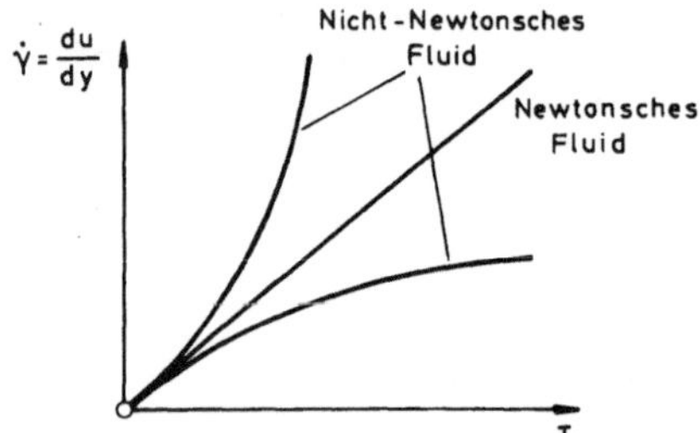

Abb. 24:
Reibungsgesetze

Definition 12:

Ein Fluid mit linearem Reibungsgesetz heißt *N e w t o n sches Fluid*, anderenfalls *Nicht- N e w t o n sches* Fluid. (Abb. 24)

Ein *Newton*sches Fluid folgt dem *N e w t o n schen Reibungsgesetz*

$$\tau = \eta \, \frac{du}{dy}. \tag{74}$$

Gl. (74) ist die Definitionsgleichung für die *dynamische Viskosität* oder einfach *Viskosität η*,

$$[\eta] = \frac{Ns}{m^2} = \frac{kg}{ms}. \tag{75}$$

Eine andere gebräuchliche Einheit ist

Poise: $\quad 1\,P = 0{,}1\,\frac{Ns}{m^2}$ $\tag{76}$

Für die dynamische Viskosität η gilt:
  1. η ist praktisch unabhängig von p.
  2. η ist abhängig von T.
     Für Gase nimmt η mit wachsendem T zu.
     Für Flüssigkeiten nimmt η mit wachsendem T ab.

Definition 13:

Als *kinematische Viskosität* bezeichnet man die Größe

$$\nu = \frac{\eta}{\rho} \qquad [\nu] = \frac{\text{m}^2}{\text{s}} \tag{77}$$

Eine andere gebräuchliche Einheit ist

$$\textit{Stokes:} \quad 1\,\text{St} = 10^{-4}\,\frac{\text{m}^2}{\text{s}}. \tag{78}$$

Dem *Newton*schen Reibungsgesetz folgen alle Gase und sehr viele Flüssigkeiten (z.B. Wasser). Im folgenden werden nur noch *Newton*sche Fluide betrachtet. Zahlenwerte für η und ν für Luft und Wasser sind im Anhang, Tabelle 9, angegeben.

Im *C o u e t t e -Viskosimeter* wird die *Couette*-Strömung zur Messung der Viskosität benutzt. In dem schmalen Spalt zwischen zwei konzentrischen Zylindern, von denen der eine rotiert, bildet sich bei Vernachlässigung der Zylinderkrümmung eine *Couette*-Strömung nach Abb. 23 aus. Aus dem Drehmoment läßt sich die Schubspannung und daraus die Viskosität bestimmen.

Die Viskosität ist ein Maß für die Fähigkeit des Fluids, Schubkräfte zu übertragen. Diese Schubkräfte sind gleichwertig mit *Impulstransport* quer zur Strömungsrichtung. Durch die unregelmäßige Molekülbewegung im Fluid kommt es zwischen benachbarten Schichten mit unterschiedlicher Strömungsgeschwindigkeit zu einem Austausch von Molekülen mit unterschiedlichem Impuls (Masse × Geschwindigkeit). Das Ergebnis ist ein zeitlicher Impulsfluß von Gebieten höherer Geschwindigkeit in solche mit niedrigerer Geschwindigkeit. Nach dem Impulssatz (vgl. Kap. 10) entspricht dieser Impulsfluß einer Schubkraft. Die Viskosität ist daher auch ein Maß für die Fähigkeit des Fluids, Impuls zu übertragen. Man nennt deshalb die Viskosität auch eine *Transporteigenschaft* des Fluids.

7. Massenerhaltungssatz (Kontinuitätsgleichung)

In einer Strömung werde ein *Kontrollraum* betrachtet, der von einer raumfesten *Kontrollfläche K* (auch *Systemgrenze*) eingeschlossen ist. Bei dem Kontrollraum handelt es sich im allgemeinen um ein *offenes System*, d.h. die Kontrollfläche K wird durchströmt. In Abb. 25 ist eine Kontrollfläche für eine ebene Strömung durch eine ausgezogene Linie dargestellt, die den Querschnitt eines zur Bildebene unendlich langen zylindrischen Kontrollraumes einschließt. Der Übersichtlichkeit wegen wurde eine ebene Strömung gewählt, die entwickelten Ergebnisse gelten jedoch allgemein.

Für den gewählten Kontrollraum soll nun eine Massenstrombilanz aufgestellt werden.

Ein Flächenelement dA der Kontrollfäche ist ein Vektor mit dem Flächeninhalt
dA als Betrag und mit der Richtung der Flächennormalen, und zwar *positiv für
die Richtung nach außen.*

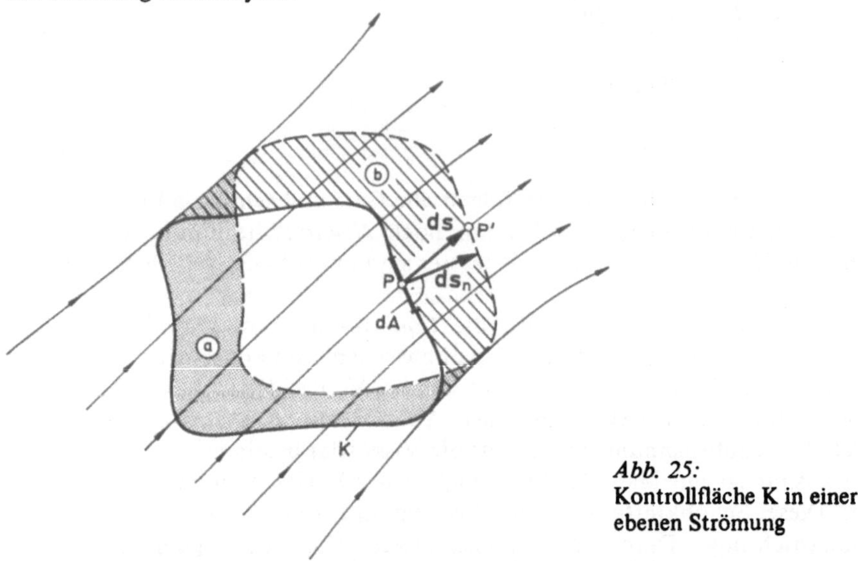

Abb. 25:
Kontrollfläche K in einer
ebenen Strömung

Zur Zeit t befindet sich die Masse m(t) im Kontrollraum, zur Zeit t + dt entsprechend die Masse m(t + dt). Der Massenzuwachs im Kontrollraum während
der Zeit dt beträgt danach m(t + dt) − m(t). Dieser muß gleich der Differenz
zwischen einfließender Masse m_a und ausfließender Masse m_b sein. Es gilt also

$$m(t + dt) - m(t) = m_a - m_b \ . \tag{79}$$

In Abb. 25 ist gestrichelt die Lage der Kontrollfläche nach der Zeit dt eingezeichnet, wenn die Kontrollfläche mit der Strömung mitgeschwommen *wäre.*
Damit entspricht die Masse im Bereich a (getönt) der eingeflossenen Masse m_a
und die Masse im Bereich b (schraffiert) der ausgeflossenen Masse m_b. Wo sich
die Bereiche a und b überschneiden (getönt und schraffiert), ist Masse ein- und
gleich wieder ausgeströmt.
Die durch das in Abb. 25 eingezeichnete Flächenelement ausgeströmte Teil-
masse ist

$$dm_b = \rho \ ds_n \ dA = \rho \ ds \ dA \ . \tag{80}$$

Dabei ist ds_n der Betrag der Normalkomponente des Verschiebungsvektors ds.
Integration über den Teil K_b der Kontrollfläche K, über den Masse ausströmt,
ergibt

$$m_b = \iint_{K_b} \rho \ ds \ dA \ . \tag{81}$$

Analog erhält man für die einströmende Masse

$$m_a = - \iint\limits_{K_a} \rho \, ds \, dA \; . \tag{82}$$

Das Minuszeichen berücksichtigt, daß die Normalkomponente des Verschiebungsvektors ds dem Vektor dA entgegengesetzt ist. Einsetzen in Gl. (79) und Zusammenfassen der Integrale liefern

$$m(t + dt) - m(t) = - \iint\limits_{K} \rho \, ds \, dA \; . \tag{83}$$

Die Verschiebung des Punktes P nach P′ in der Zeit dt ist die Geschwindigkeit von P, also gilt:

$$\frac{ds}{dt} = w \; . \tag{84}$$

Damit folgt aus Gl. (83) für die zeitliche Änderung der Masse im Kontrollraum

$$\frac{dm}{dt} = \frac{m(t + dt) - m(t)}{dt} = - \iint\limits_{K} \rho \, w \, dA \; . \tag{85}$$

Eine andere Schreibweise ist

$$\frac{dm}{dt} = - \iint\limits_{K} \rho \, dQ \; . \tag{86}$$

Dabei sind einfließende Volumenströme Q (Geschwindigkeit × Fläche) *negativ anzusetzen.*

Satz 14: Die Masse im Kontrollraum K bleibt (bei stationären Strömungen) konstant.

$$\iint\limits_{K} \rho \, w \, dA = \iint\limits_{K} \rho \, dQ = 0 \tag{87}$$

Gl. (87) heißt *Kontinuitätsgleichung.*

Für inkompressible Fluide (ρ = konst.) lautet die Kontinuitätsgleichung:

$$\iint\limits_{K} w \, dA = \iint\limits_{K} dQ = 0 \; . \tag{88}$$

Beispiel 11:   *Kontinuitätsgleichung für Stromröhren mit konstanten Bedingungen über dem Querschnitt*
Wie lautet die Kontinuitätsgleichung für eine Stromröhre als Kontrollraum?

Lösung:
Da der Mantel einer Stromröhre nicht durchströmt wird, werden bei der Integration in Gl. (87) nach Abb. 26 nur die Fläche 1 am Eintritt und Fläche 2 am Austritt berücksichtigt.

$$\iint_K \rho\, w\, dA = \rho_1\, (-w_1\, A_1) + \rho_2\, (w_2\, A_2) = 0$$

$$\rho_1\, w_1\, A_1 = \rho_2\, w_2\, A_2.$$

Also gilt

$$\dot m = \rho\, w\, A = \text{konst.}\ (\textit{kompressibel}).\qquad(89)$$

Der *Massenstrom* $\dot m$ ist konstant, er ist stets positiv.

Für $\rho = $ konst. gilt

$$Q = w\, A = \text{konst.}\ (\textit{inkompressibel}).\qquad(90)$$

Der *Volumenstrom* Q ist konstant, er wird hierbei positiv gezählt.

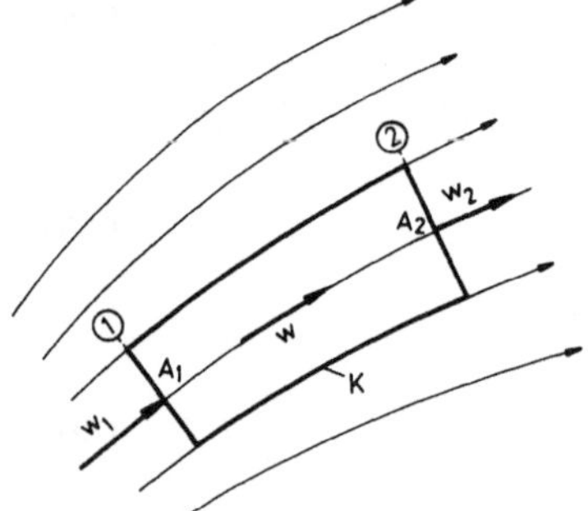

Abb. 26:
Stromröhre als Kontrollraum

Für Stromröhren mit konstantem Querschnitt (A = konst.) folgt daraus:

$$\rho\, w = \text{konst.}\qquad\text{kompressibel}\qquad(91)$$
$$w = \text{konst.}\qquad\text{inkompressibel}\qquad(92)$$

8. Energiesatz (1. Hauptsatz der Thermodynamik)

8.1. Allgemeiner Energiesatz

Während im letzten Kapitel eine Massenbilanz über einem ortsfesten Kontrollraum aufgestellt wurde und daraus die Massenstrom-Kontinuitätsgleichung entstand, soll in diesem Kapitel eine Energiebilanz über dem ortsfesten Kontrollraum aufgestellt und daraus eine Aussage über Energieumsetzung in Strömungen abgeleitet werden. Die benutzten Bezeichnungen beziehen sich wieder auf Abb. 25.

Ein Fluidelement in der Strömung mit der Masse

$$dm_e = \rho\, dV$$

besitzt eine Energie von

$$dE = \frac{1}{2}\, w^2\, dm_e + u\, dm_e \; .$$

Dabei ist u die spezifische innere Energie (Molekülbewegung), $[u] = Nm/kg = m^2/s^2$. In der Zeit dt fließt demnach entsprechend Gl. (81) der Energiebetrag

$$E_b = \iint\limits_{K_b}\left(\frac{1}{2}\, w^2 + u\right)\, \rho\, ds\, dA$$

über die Kontrollfäche K nach außen und entsprechend Gl. (82) der Energiebetrag

$$E_a = -\iint\limits_{K_a}\left(\frac{1}{2}\, w^2 + u\right)\, \rho\, ds\, dA$$

über die Kontrollfläche K nach innen. Analog zu Gl. (85) folgt damit für die Differenz der mit dem Massenstrom zugeführten und abgeführten Energie pro Zeit, also für die *zeitliche Energiezunahme im Kontrollraum*

$$\frac{dE}{dt} = \frac{E(t + dt) - E(t)}{dt} = -\iint\limits_{K}\left(\frac{1}{2}\, w^2 + u\right)\, \rho\, \frac{ds}{dt}\, dA$$

$$= -\iint\limits_{K}\left(\frac{1}{2}\, w^2 + u\right)\, \rho\, w\, dA \qquad (93)$$

Das Integral stellt eine zeitliche Energieabnahme im Kontrollraum dar. Da in stationärer Strömung die Energie im Kontrollraum konstant bleibt, muß Energie von außen zugeführt (bzw. abgeführt) werden. Es kommen dafür vier verschiedene Arten von *Energieströmen (Leistungen)* in Betracht:

1. P_A, die *Leistung einer Flächenverschiebung* gegen den Druck des Fluids. Diese Leistung wird benötigt, um die Kontrollfläche gegen den Druck des Fluids zu verschieben.
2. P_K, die *Leistung eines Kraftfeldes*, das im Kontrollraum wirkt (Schwerefeld, magnetisches Feld etc.).
3. P_M, die *mechanische Leistung*, die dem Kontrollraum mit Hilfe von Arbeitsmaschinen (Pumpe, Turbine) zugeführt (oder entzogen) wird.
4. P_W, *Wärmeleistung*, die durch Leitung oder Strahlung dem Kontrollraum zugeführt (oder entzogen) wird.

Wenn man die *egoistische Vorzeichenregelung* einführt, also *alle zugeführten Leistungen positiv* ansetzt, erhält man mit Hilfe der vier Leistungen und mit Gl. (93) den *Energiesatz in der Leistungsform*:

$$\iint\limits_{K}\left(\frac{1}{2}\, w^2 + u\right)\, \rho\, w\, dA = P_A + P_K + P_M + P_W \; . \qquad (94)$$

Die Verschiebeleistung über der Kontrollfläche K läßt sich durch folgende Gleichung berechnen:

$$P_A = - \iint_K p \, w \, dA \ . \tag{95}$$

Das ist die Leistung, die aufgebracht werden muß, um das Fluid gegen den herrschenden Druck p über die Kontrollfläche K in den Kontrollraum hineinzupressen. Dann ist also w nach innen gerichtet, dA jedoch senkrecht nach außen, so daß das innere Produkt der beiden Vektoren einen negativen Skalarwert annimmt. Da die Leistung P_A in diesem Falle jedoch dem Fluid zugeführt wird, also positiv sein muß, tritt in Gl. (95) ein negatives Vorzeichen auf. Beim Ausströmen aus dem Kontrollraum unterstützt der Innendruck die Bewegung über die Kontrollfläche, Leistung wird abgegeben, und deshalb ist P_A negativ. Mit Gl. (95) für P_A kann Gl. (94) geschrieben werden:

$$\iint_K \left(\frac{1}{2} \, w^2 + u + \frac{p}{\rho} \right) \rho \, w \, dA = P_K + P_M + P_W \ .$$

Diese Beziehung wird vereinfacht durch folgende

Definition 14:

Die Gleichung

$$h = u + \frac{p}{\rho} \ , \qquad [h] = \frac{m^2}{s^2} \tag{96}$$

definiert die *spezifische Enthalpie* h.

Damit lautet der *Energiesatz* (1. *Hauptsatz der Thermodynamik*)

$$\iint_K \left(\frac{1}{2} \, w^2 + h \right) \rho \, w \, dA = P_K + P_M + P_W \ . \tag{97}$$

Streng genommen ist P_A die Verschiebeleistung nicht nur gegen Druckkräfte, sondern auch gegen Schubkräfte. Letztere können jedoch meistens gegenüber den Druckkräften vernachlässigt werden.

Die aus der Bewegung in einem Kraftfeld resultierende Leistung P_K kann ebenfalls berechnet werden. Dazu wird der örtliche Einfluß des Kraftfeldes durch die vektorielle Kraft k pro Volumen entsprechend Abb. 27 angegeben. Der Vektor k ist im allgemeinen eine Funktion der Ortskoordinaten, also

$$k = k(x, y, z), \qquad [k] = N/m^3 \ .$$

Die *Leistung des Kraftfeldes in der Strömung* innerhalb des Kontrollvolumens V wird damit:

$$P_K = \iiint_V k(x, y, z) \, w \, dV \ . \tag{98}$$

Das wichtigste Kraftfeld für technische Anwendung dieser Beziehung ist das Schwerefeld. Die Stärke des Schwerefeldes ist:

$$\mathbf{k} = \rho\, \mathbf{g}\, .$$

Damit wird:

$$P_K = \iiint\limits_V \rho\, \mathbf{g}\, \mathbf{w}\, dV\, . \tag{99}$$

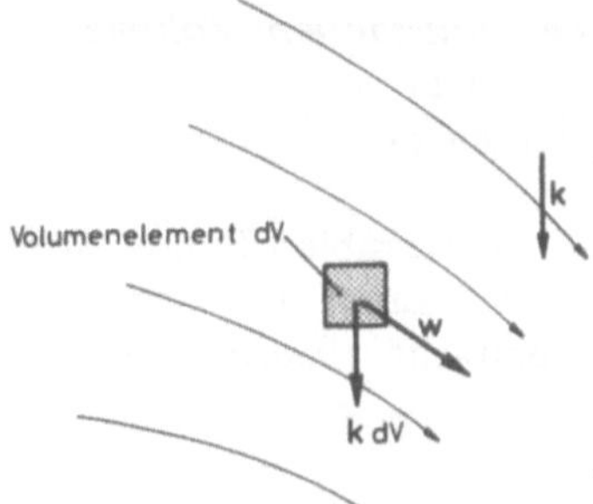

Abb. 27:
Wirkung eines Kraftfeldes auf ein Fluidelement

Der Energiesatz in der Form von Gl. (94) liefert eine Aussage über die Summe von kinetischer und innerer Energie. Es gibt jedoch auch Aussagen über die beiden Energieanteile einzeln. Diese lauten:

$$\iint\limits_K \frac{1}{2}\, \mathbf{w}^2\, \rho\, \mathbf{w}\, dA = P_A + P_K + P_M - P_R - P_V \tag{100}$$

$$\iint\limits_K u\, \rho\, \mathbf{w}\, dA \quad = P_W + P_R + P_V\, . \tag{101}$$

Als Summe der beiden Gleichungen erhält man wieder Gl. (94). Es treten zwei neue Leistungsterme auf:

P_R,   die *Leistung der Schubkräfte* im Inneren des Kontrollraumes, auch *innere Reibung, Reibungsleistung, Verlustleistung* oder *Dissipation genannt.* Sie ist mit der Viskosität des Fluids verbunden.

P_V,   die *Leistung zur Volumenänderung*, genauer zur *Dichteänderung.* Für inkompressibles Fluid (ρ = konst.) verschwindet dieser Term:

$$P_V = 0 \qquad (\rho = \text{konst.})\, . \tag{102}$$

Durch den Term P_V sind Gl. (100) und Gl. (101) gekoppelt. Für inkompressibles Fluid entfällt daher diese Kopplung, vgl. Gl. (179).
Die spezifische innere Energie u ist für die beiden in Kap. 5 erwähnten Modellfluide proportional zur Temperatur. Es gilt:

1. Inkompressibles Fluid:

$$u = c\,T\,.\tag{103}$$

Dabei ist c die konstante *spezifische Wärmekapazität*, $[c] = m^2/s^2\,K$.

2. Ideales Gas:

$$u = c_v\,T\,.\tag{104}$$

Dabei ist c_v die *spezifische Wärmekapazität bei konstantem Volumen*, $[c_v] = m^2/(s^2\,K)$. Wird c_v konstant gesetzt, spricht man vom *idealen Gas konstanter spezifischer Wärmekapazität* oder *perfekten Gas*.

Danach besagt Gl. (101), daß die Temperatur des inkompressiblen Fluids nur durch Wärmezufuhr und durch Dissipation erhöht werden kann. Im folgenden werden Strömungen inkompressibler Fluide vereinfacht *inkompressible Strömungen* genannt.

Satz 15: Bei *inkompressiblen Strömungen* mit *konstanter Viskosität* (ρ = konst., η = konst.) ändert sich die kinetische Energie unabhängig von der Änderung der inneren Energie. Das Geschwindigkeitsfeld ist *unabhängig* vom Temperaturfeld. Es gilt

$$\iint_K \frac{1}{2}\,w^2\,\rho\,w\,dA = P_A + P_K + P_M - P_R\,.\tag{105}$$

Eine inkompressible Strömung kann also durch Wärmezufuhr nicht beeinflußt werden. Es ändert sich dann lediglich die innere Energie des Fluids.

Bei inkompressiblen Strömungen wird daher im folgenden das Temperaturfeld nicht behandelt. Das Studium von Temperaturfeldern gehört zum Fachgebiet Wärmeübertragung.
Die Herleitung von Gl. (100) wurde hier nicht gebracht. Sie ergibt sich aus einer Leistungsbilanz aller in der Strömung beteiligten Kräfte und kann als eine Erweiterung des in Kap. 10 entwickelten Impulssatzes aufgefaßt werden. Aus Gl. (100) und Gl. (94) folgt dann Gl. (101).

8.2. Energiesatz für Stromröhren

Die allgemeine Form des Energiesatzes für kompressible Fluide, Gl. (97), und inkompressible Fluide, Gl. (105), wird auf Stromröhren mit konstanten Bedingungen über dem Querschnitt (*Stromfadentheorie*) spezialisiert (Abb. 28).

Bestimmung von P_K *für das Schwerefeld*

Die Integration in Gl. (99) läßt sich für eine Stromröhre ausführen. Nach Abb. 28 gilt

$$\mathbf{g}\,\mathbf{w} = -\,g\,w\,\cos\alpha\,. \tag{106}$$

Für das Volumenelement dV folgt

$$dV = A\,ds \tag{107}$$

mit A als Querschnittsfläche der Stromröhre. Dabei ist ds das Differential der stromlinienparallelen Ortskoordinate s. Dafür gilt

$$dz = ds\,\cos\alpha\,. \tag{108}$$

Unter Verwendung der Gln. (106) bis (108) erhält man aus Gl. (99):

$$P_K = -\int_{z_1}^{z_2} g\,\rho\,w\,A\,dz\,. \tag{109}$$

Statt über dem Volumen ist nur noch über der Höhenkoordinate z zu integrieren. Die Höhenkoordinaten des Eintritts- und Austrittsquerschnittes sind mit z_1 bzw. z_2 bezeichnet.

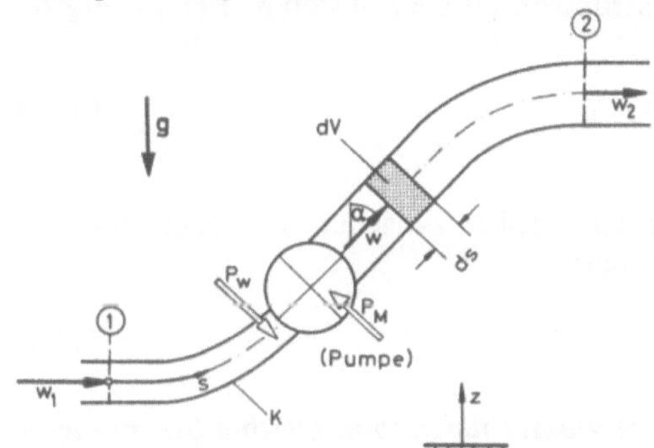

Abb. 28:
Energiebilanz für eine Stromröhre

Wegen der Kontinuitätsgleichung, Gl. (89), ist das Produkt $\rho\,w\,A = \dot{m}$ konstant und kann vor das Integral gezogen werden. Bei konstantem g läßt sich die Integration ausführen und liefert

$$P_K = -\,g\,\dot{m}(z_2 - z_1)\,. \tag{110}$$

Das Integral in Gl. (97) lautet für die Stromröhre

$$\iint_K \left(\frac{1}{2}\,w^2 + h\right)\rho\,w\,dA = \left(\frac{1}{2}\,w_2{}^2 + h_2\right)\rho_2\,w_2\,A_2$$

$$-\left(\frac{1}{2}\,w_1{}^2 + h_1\right)\rho_1\,w_1\,A_1$$

$$= \dot{m}\left(\frac{1}{2}\,w_2{}^2 + h_2 - \frac{1}{2}\,w_1{}^2 - h_1\right)\,. \tag{111}$$

Definition 15:

Als *spezifische technische Arbeit*, die der Stromröhre zwischen den Querschnitten 1 und 2 zugeführt wird, ist definiert

$$w_{t12} = \frac{P_M}{\dot{m}} \; , \qquad [w_{t12}] = \frac{m^2}{s^2} \; . \tag{112}$$

Definition 16:

Als *spezifische Wärme*, die der Stromröhre zwischen den Querschnitten 1 und 2 zugeführt wird, ist definiert

$$q_{12} = \frac{P_W}{\dot{m}} \; , \qquad [q_{12}] = \frac{m^2}{s^2} \; . \tag{113}$$

Verwendet man die Gln. (110) bis (113) in Gl. (97) und dividiert durch den Massenstrom $\dot{m}$, dann folgt der *Energiesatz für Stromröhren im Schwerefeld*:

$$\frac{1}{2} w_2{}^2 + h_2 + g\,z_2 = \frac{1}{2} w_1{}^2 + h_1 + g\,z_1 + w_{t12} + q_{12} \; . \tag{114}$$

Analog dazu läßt sich Gl. (105) auf Stromröhren spezialisieren. Für P_A ergibt sich dann aus Gl. (95):

$$P_A = -\,(p_2 \, w_2 \, A_2 - p_1 \, w_1 \, A_1) \; . \tag{115}$$

Definition 17:

Als *spezifische Dissipation*, die in der Stromröhre zwischen den Querschnitten 1 und 2 durch Reibung erfolgt, ist definiert

$$\varphi_{12} = \frac{P_R}{\dot{m}} \; , \qquad [\varphi_{12}] = \frac{m^2}{s^2} \; . \tag{116}$$

Damit erhält man aus Gl. (105) den *Energiesatz für inkompressible Strömungen durch Stromröhren im Schwerefeld*:

$$\frac{1}{2} w_2{}^2 + \frac{p_2}{\rho} + g\,z_2 = \frac{1}{2} w_1{}^2 + \frac{p_1}{\rho} + g\,z_1 + w_{t12} - \varphi_{12} \; . \tag{117}$$

8.3. *Inkompressible reibungslose Strömungen (B e r n o u l l i - Gleichung)*

Im Falle *reibungsloser* Strömungen ($\varphi_{12} = 0$) *ohne Zu- oder Abfuhr mechanischer Arbeit* ($w_{t12} = 0$) wird der Energiesatz für Stromröhren *B e r n o u l l i - Gleichung* genannt. Sie wird je nach der bevorzugten Einheit der Glieder in drei verschiedenen Formen verwendet:

Energieform: $\quad \dfrac{1}{2} w_2{}^2 + \dfrac{p_2}{\rho} + g\,z_2 = \dfrac{1}{2} w_1{}^2 + \dfrac{p_1}{\rho} + g\,z_1 \hfill (118)$

$$\text{Druckform:} \quad \frac{\rho}{2}\,w_2{}^2 + p_2 + \rho\,g\,z_2 = \frac{\rho}{2}\,w_1{}^2 + p_1 + \rho\,g\,z_1 \qquad (119)$$

$$\text{Höhenform:} \quad \frac{w_2{}^2}{2g} + \frac{p_2}{\rho g} + z_2 = \frac{w_1{}^2}{2g} + \frac{p_1}{\rho g} + z_1 \, . \qquad (120)$$

In der letzten Gleichung heißen die Terme *Geschwindigkeitshöhe, Druckhöhe* und *geodätische Höhe.* Nach der *Bernoulli*-Gleichung ist die Summe dieser drei Höhen an jeder Stelle der Stromröhre gleich.

Beispiel 12: Rohrströmung ohne Reibungsverluste

Abb. 29 zeigt eine Leitung, durch die eine Flüssigkeit strömt und die an drei Stellen mit Manometerröhren versehen ist.

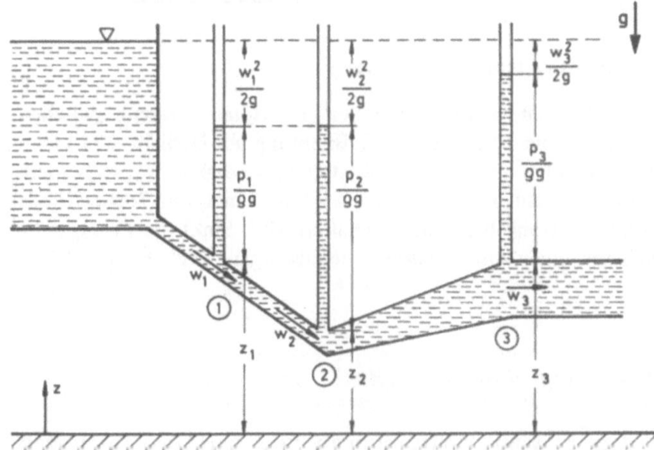

Abb. 29:
Reibungslose
Rohrströmung

Entsprechend Gl. (120) ist an den drei Stellen die Summe aus geodätischer Höhe z, Druckhöhe p/ρg und Geschwindigkeitshöhe $w^2/2g$ gleich. In den Manometerröhren wird die Druckhöhe an der jeweiligen Anschlußstelle angezeigt. Die Differenz zwischen Flüssigkeitshöhe in der Manometerröhre und Flüssigkeitshöhe im Behälter ist gleich der Geschwindigkeitshöhe $w^2/2g$. Daraus kann die Geschwindigkeit im jeweiligen Anschlußquerschnitt berechnet werden.

Beispiel 13: Ausfluß von Flüssigkeit aus einem Gefäß (ohne Reibungsverluste)

Ein oben offenes Gefäß besitzt an seinem unteren Ende eine Öffnung, durch welche Flüssigkeit reibungslos in die Umgebung mit dem Außendruck p_0 ausströmt (s. Abb. 30). Die *Bernoulli*-Gleichung (hier in der Energieform) liefert dazu folgende Aussage:

$$\frac{1}{2}\,w_2{}^2 + \frac{p_0}{\rho} + g\,z_2 = 0 + \frac{p_0}{\rho} + g\,z_1$$

$$\frac{1}{2}\,w_2{}^2 = g(z_1 - z_2)$$

Mit
$$z_1 - z_2 = h$$

erhält man daraus die *Torricellische Ausflußformel für reibungslose Strömungen:*

$$w_2 = \sqrt{2\,g\,h}.\tag{121}$$

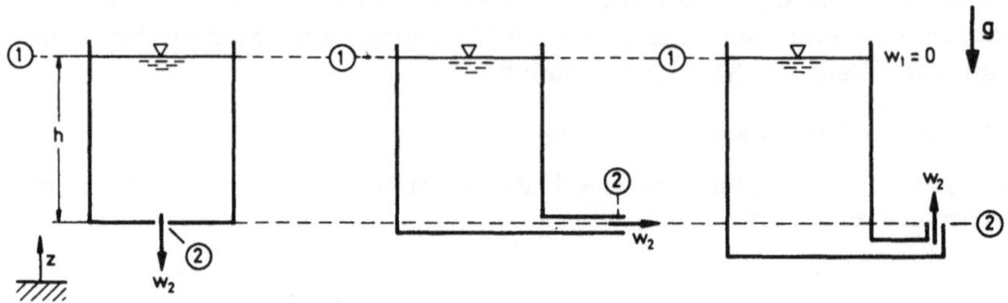

Abb. 30: Ausfluß von Flüssigkeit aus verschiedenen Gefäßen

Die Ausflußgeschwindigkeit hängt nach Gl. (121) nur von der Höhendifferenz zwischen Oberfläche und Ausflußöffnung und nicht von der Ausflußrichtung ab. Deshalb erhält man in den drei in Abb. 30 skizzierten Fällen die gleiche Austrittsgeschwindigkeit w_2. Außerdem hat auch die Dichte der Flüssigkeit keinen Einfluß. Die Ausflußformel von *Torricelli* gilt streng nur, wenn durch Zufluß die Höhe h konstant gehalten wird. Sinkt die Flüssigkeitsoberfläche ab, handelt es sich um einen *instationären* Ausflußvorgang (vgl. Beispiel 51 in Kap. 18).

8.4. *Bernoulli - Gleichung ohne Höhenglied*

Bei annähernd horizontalen Flüssigkeitsströmungen und bei Gasströmungen kann das Höhenglied fast immer vernachlässigt werden. Die *Bernoulli-Gleichung ohne Höhenglied* lautet:

$$\frac{\rho}{2}\,w_2{}^2 + p_2 = \frac{\rho}{2}\,w_1{}^2 + p_1 = \text{konst.}\tag{122}$$

Definition 18:

Als *Staudruck* oder *dynamischer Druck* q wird definiert

$$q = \frac{\rho}{2}\,w^2 \,, \qquad [q] = \text{Pa}\,.\tag{123}$$

Definition 19:

Als *Gesamtdruck* p_g wird definiert

$$p_g = \frac{\rho}{2}\,w^2 + p\,, \qquad [p_g] = \text{Pa}\,.\tag{124}$$

Damit lautet die *B e r n o u l l i -Gleichung ohne Höhenglied:*

$$q + p = p_g = \text{konst.} \tag{125}$$

Beispiel 14: Druck im Staupunkt

Es wird die Umströmung eines Körpers betrachtet und der Druck im Staupunkt (Geschwindigkeit gleich null!) gesucht. In diesem Fall ist die *Bernoulli*-Gleichung für horizontale Strömungen anwendbar. Man denke sich dazu einen *Stromfaden*, der im Staupunkt endet oder, genau genommen, sich dort aufspaltet und die Oberfläche des Körpers umfließt. Die *Bernoulli*-Gleichung ergibt für den Stromfaden zwischen dem weit stromaufwärts gelegenen Punkt 1 (Umgebungsdruck p_∞, Geschwindigkeit U_∞) und dem Staupunkt 2:

$$\frac{\rho}{2} U_\infty{}^2 + p_\infty = 0 + p_2 = p_g . \tag{126}$$

Der Druck im Staupunkt ist gleich dem Gesamtdruck, $p_2 = p_g$.

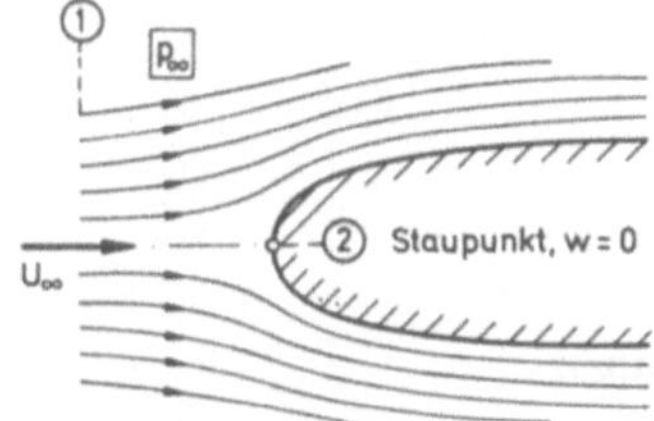

Abb. 31:
Staupunkt-Strömung

Beispiel 15: P i t o t - Rohr

Eine einfache Sonde zur Messung des Gesamtdruckes ist das *P i t o t -Rohr* (Abb. 32). Es ist vorn abgerundet, so daß sich ein Staupunkt ausbildet. Dort mündet eine Druckleitung, in der nach Gl. (126) der Gesamtdruck herrscht. Am anderen Ende der Druckleitung wird mit einem Manometer der Gesamtdruck gegenüber dem Umgebungsdruck gemessen.

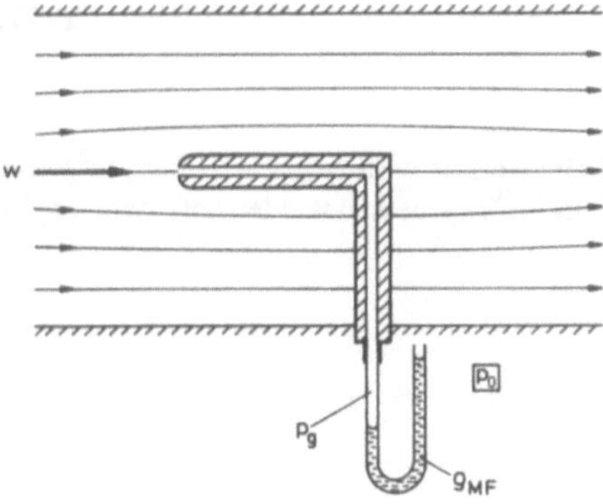

Abb. 32:
Pitot-Rohr

Beispiel 16: P r a n d t l -Staurohr

Eine Abwandlung des *Pitot*-Rohres stellt das *Prandtl*-Staurohr dar. Dabei ist der Gegendruck am Manometer nicht der Umgebungsdruck, sondern der Druck in der Strömung (Abb. 33). Entsprechend Gl. (126) mißt das Manometer die Druckdifferenz

$$p_g - p = \frac{\rho}{2}\, w^2 = q \, .$$

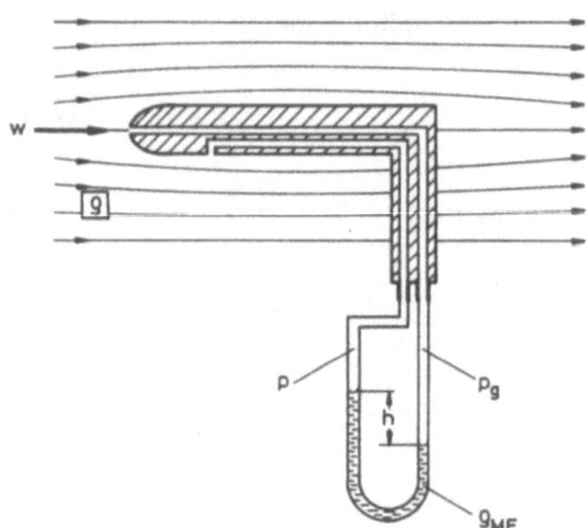

Abb. 33:
Prandtl-Staurohr

Mit dieser Meßanordnung wird also der Staudruck q direkt gemessen. Bei bekannter Dichte ρ_{MF} der Manometerflüssigkeit läßt sich daraus die *Strömungsgeschwindigkeit* berechnen:

$$\frac{\rho}{2}\, w^2 = q = \rho_{MF}\, g\, h$$

$$w = \sqrt{\frac{\rho_{MF}}{\rho}\, 2\, g\, h} \, . \tag{127}$$

Wenn beispielsweise Wasser als Manometerflüssigkeit benutzt wird ($\rho_{MF} = 10^3$ kg/m^3) und die Geschwindigkeit eines Luftstromes ($\rho = 1{,}25$ kg/m^3) gemessen werden soll, dann ergibt sich folgende Näherungsbeziehung:

$$w = \sqrt{\frac{2 \cdot 10^3 \,\frac{kg}{m^3} \cdot 10 \,\frac{m}{s^2} \cdot h}{1{,}25 \,\frac{kg}{m^3}}} \, .$$

Die mit einem *Prandtl*-Staurohr gemessene *Luftgeschwindigkeit w* ergibt sich aus der *Höhen-differenz h am wassergefüllten U-Rohr-Manometer* näherungsweise zu:

$$\frac{w}{m/s} = 4 \ \sqrt{\frac{h}{mm}} \ . \tag{128}$$

Beispiel 17: V e n t u r i -Rohr

Zur weitgehend verlustfreien Messung der Geschwindigkeit und damit des Volumenstromes in einer Leitung kann man ein *V e n t u r i -Rohr* benutzen (Abb. 34).

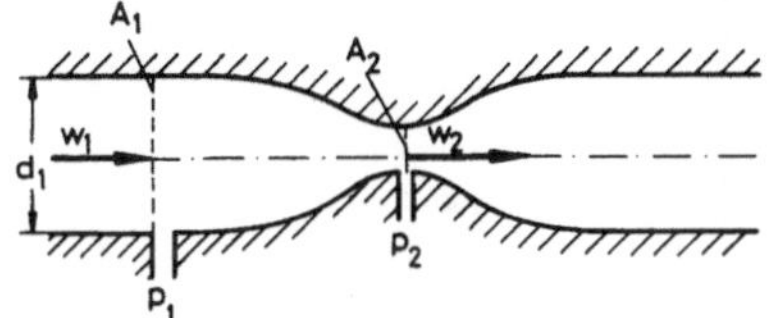

Abb. 34:
Venturi-Rohr

Der Energiesatz in Form von Gl. (122) lautet hier:

$$p_1 + \frac{\rho}{2} w_1^2 = p_2 + \frac{\rho}{2} w_2^2 \ .$$

Außerdem liefert die Kontinuitätsgleichung für inkompressible Fluide, Gl. (90):

$$w_1 A_1 = w_2 A_2$$

$$w_2 = \frac{A_1}{A_2} w_1 \ .$$

Beide Gleichungen zusammen ergeben:

$$p_1 - p_2 = \frac{\rho}{2} w_1^2 \left[\left(\frac{A_1}{A_2} \right)^2 - 1 \right] \ .$$

Für *Geschwindigkeitsmessungen mit dem V e n t u r i -Rohr* erhält man daraus:

$$w_1 = \sqrt{\frac{2 (p_1 - p_2)}{\rho \left[\left(\frac{A_1}{A_2} \right)^2 - 1 \right]}} \tag{129}$$

und für den *Volumenstrom:*

$$Q = w_1 A_1 = w_1 \frac{\pi d_1^2}{4} \ . \tag{130}$$

Angaben über *Norm- V e n t u r i -Rohre* findet man in DIN 1952.

8.5. Offene Gerinneströmungen

Im Gegensatz zu einer Rohrströmung spricht man von einer Gerinneströmung, wenn eine Flüssigkeit in einem offenen Kanal (z.B. Flußbett), also mit freier Oberfläche, strömt. Es werde ein offener Kanal betrachtet. Entsprechend Abb. 35 sei der Kanalboden durch die Höhe z festgelegt. Die örtliche Höhe der Flüssigkeit in der Gerinneströmung ist h.

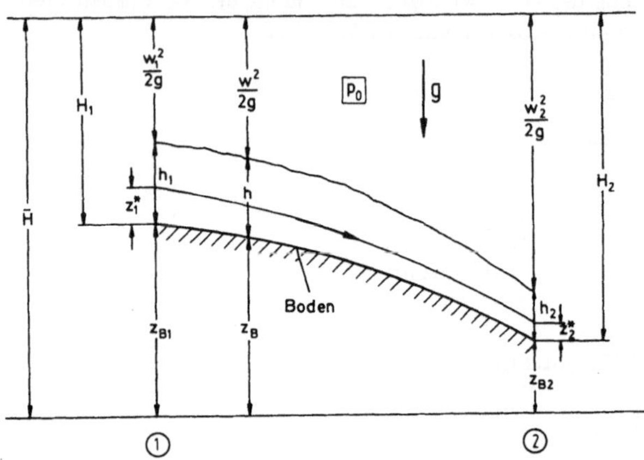

Abb. 35:
Offene Gerinneströmung

Für einen herausgegriffenen Stromfaden, der die örtliche Höhe z* über dem Boden haben möge, kann der Energiesatz in Höhenform, Gl. (120), angesetzt werden:

$$\frac{w_2^2}{2g} + \frac{p_0 + \rho g\,(h_2 - z_2{}^*)}{\rho g} + z_{B2} + z_2{}^* =$$

$$\frac{w_1^2}{2g} + \frac{p_0 + \rho g\,(h_1 - z_1{}^*)}{\rho g} + z_{B1} + z_1{}^* \tag{131}$$

oder

$$\frac{w_2^2}{2g} + h_2 + z_{B2} = \frac{w_1^2}{2g} + h_1 + z_{B1} = \bar{H} \tag{132}$$

Das ist der *Energiesatz für reibungslose offene Gerinneströmungen*.
Da die Lage der gewählten Stromlinie in Gl. (132) nicht mehr erscheint, gilt der Energiesatz für alle Stromlinien in der Gerinneströmung, die Summe der drei Terme könnte sich jedoch von Stromlinie zu Stromlinie ändern.
Auch hier wird nun angenommen, daß die Geschwindigkeit innerhalb eines Querschnittes der Gerinneströmung konstant ist (*Stromfadentheorie*). Das ist gleichbedeutend mit der Annahme gleicher Summe $\bar{H}$ in Gl. (132).

Definition 20:

Als *spezifische Höhe* einer offenen Gerinneströmung ist definiert

$$H = \frac{w^2}{2g} + h \ . \tag{133}$$

Damit lautet Gl. (132)

$$H + z_B = \bar{H} = \text{konst.} \tag{134}$$

Satz 16: In einer reibungslosen offenen Gerinneströmung ist die Summe von spezifischer Höhe und geodätischer Höhe des Bodens konstant.

Es sei angemerkt, daß die Dichte des Fluids im Energiesatz nicht auftritt. Ohne Einschränkung kann also eine Wasserströmung betrachtet werden.
Es werde eine offene Gerinneströmung mit dem Volumenstrom Q in einem Kanal der Breite b betrachtet. Für die Geschwindigkeit w folgt dann

$$w = \frac{Q}{bh} . \tag{135}$$

Daraus ergibt sich die spezifische Höhe zu

$$H = h + \frac{Q^2}{2gb^2h^2} \ . \tag{136}$$

Die Abhängigkeit der spezifischen Höhe H von der Wassertiefe bei fester Breite b ist in Abb. 36 skizziert. Es gibt eine minimale spezifische Höhe H_{min} bei der *Grenztiefe h**. Es gilt

$$h^* = \sqrt[3]{\frac{Q^2}{gb^2}} \ , \qquad H_{min} = \frac{3}{2} \, h^* \ . \tag{137}$$

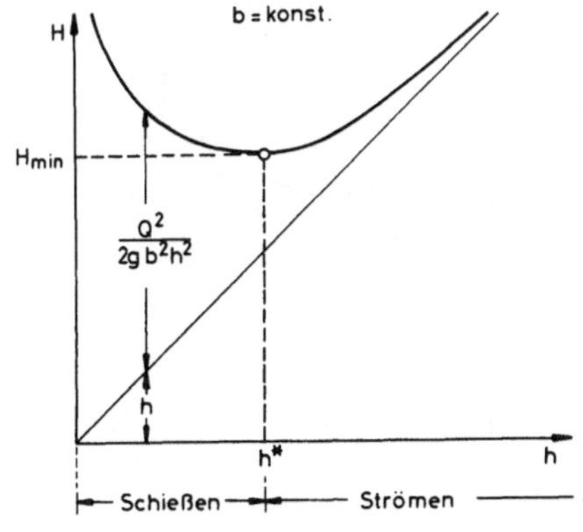

Abb. 36:
Spezifische Höhe H einer offenen Gerinneströmung konstanter Breite b

Aus Gl. (135) folgt dann für die *Grenzgeschwindigkeit*

$$w^* = \frac{Q}{bh^*} = \sqrt{gh^*} \tag{138}$$

Ohne Beweis sei erwähnt

Satz 17: Die Geschwindigkeit $\sqrt{gh}$ ist die Fortpflanzungsgeschwindigkeit der Wasserwellen in flachem Wasser (kleine Wassertiefen h).

Definition 21:

Das Verhältnis der Geschwindigkeit w zur Fortpflanzungsgeschwindigkeit der Wasserwellen $\sqrt{gh}$ wird als *Froude*-Zahl bezeichnet:

$$Fr = \frac{w}{\sqrt{gh}}$$

Bei offenen Gerinneströmungen gibt es zwei Bereiche:

Strömen: $w < w^*$, $h > h^*$, $Fr < 1$

Schießen: $w > w^*$, $h < h^*$, $Fr > 1$.

Danach können sich kleine Oberflächenstörungen in einer schießenden Gerinneströmung nicht stromaufwärts fortpflanzen.
Bei vorgegebenen Werten Q, b und H gibt es jeweils zwei Gerinneströmungen, eine im Bereich des Strömens und eine im Bereich des Schießens.

Beispiel 18: Gerinneströmung über eine Bodenwelle (b = konst.)

Entsprechend Abb. 37 wird die Gerinneströmung mit der konstanten Breite b über eine Bodenwelle der Höhe z betrachtet. Wann kann es durch die Bodenwelle zu einem Wechsel im Strömungstyp kommen?

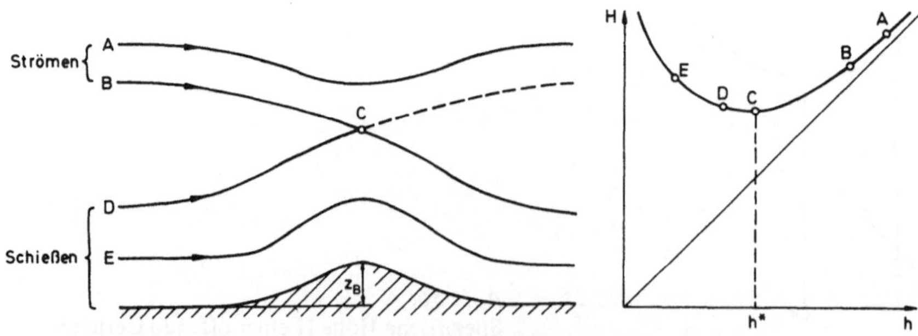

Abb. 37: Offene Gerinneströmung über eine Bodenwelle bei konstanter Breite b

Lösung:

Es gilt nach Gl. (134)

$$H + z_B = \text{konst.}$$

Die spezifische Höhe ist also an der Bodenwelle kleiner als in der ungestörten Zuströmung. In Abb. 37 sind einige mögliche Strömungen skizziert:

A: Strömen im Zulauf, Wassertiefe wird durch Bodenwelle verringert, jedoch so wenig, daß Strömen bleibt.

B: Strömen im Zulauf, Wassertiefe wird durch Bodenwelle gerade so weit verringert, daß an der Bodenwelle die Grenztiefe erreicht wird (C). Strömen geht in Schießen über.

E: Schießen im Zulauf, Wassertiefe wird durch Bodenwelle vergrößert, jedoch so wenig, daß Schießen bleibt.

Falls an der Bodenwelle die Grenztiefe erreicht wird, tritt hinter der Bodenwelle stets Schießen ein (Fälle B und D). Der Übergang vom Schießen zum Strömen erfolgt durch ein plötzliches Umspringen (*Wechselsprung*). Dieser Vorgang stellt praktisch eine Unstetigkeit in der Strömung dar. Der Wechselsprung ist jedoch mit Reibungsverlusten (Dissipation) verbunden, was sich in der Bildung einer sogenannten *Deckwalze* äußert. Dieser Vorgang kann nicht mehr mit Gl. (134) beschrieben werden. Es besteht eine Analogie zum *Verdichtungsstoß* (vgl. Beispiel 30 in Kap. 10).

Bei gegebener spezifischer Höhe H im Zulauf ergibt sich die Höhe z_B^* der Bodenwelle, bei der Übergang vom Strömen ins Schießen eintritt, aus den Gln. (134) und (137) zu

$$z_B^* = H - H_{min} = H - \frac{3}{2} \sqrt[3]{\frac{Q^2}{gb^2}} \cdot \tag{139}$$

Beispiel 19: Gerinneströmung mit seitlicher Verengung

Bei einer horizontalen Gerinneströmung ($z_B = 0$) entsteht durch ein Hindernis (Pfeiler) eine Querschnittsverengung (Abb. 38). Wie groß muß die Verengung sein, damit der Übergang von Strömen in Schießen erfolgt?

Lösung:

Wegen $z = 0$ gilt nach Gl. (134)

$$H = \frac{w^2}{2g} + h = \text{konst.} \, . \tag{140}$$

In Abb. 38 sind die Kurven der spezifischen Höhe über der Wassertiefe für verschiedene Breiten b eingetragen. Bei Verengung des Querschnittes erfolgt im H(h)-Diagramm vom Ausgangspunkt 1 eine Verschiebung auf der Horizontalen (H = konst.) nach links. Die Wassertiefe nimmt ab. Nach Gl. (140) nimmt dadurch die Geschwindigkeit w zu. Falls die Wassertiefe die strichpunktierte Linie $H = H_{min} = 3h/2$ unterschreitet, erfolgt der Übergang ins Schießen. Für diesen Fall gilt $H_1 = H_{2min} = 3 h_2^*/2$ und nach Gl. (137):

$$b_2 = Q \sqrt{\frac{27}{8 \, g \, H_1^3}} \cdot \tag{141}$$

Durch einen Wechselsprung erfolgt dann hinter der engsten Stelle die Rückkehr zum Strömen. Wenn an der Stelle 3 wieder der ursprüngliche Querschnitt herrscht, muß die spezifische Höhe vom Punkt 3 auf der Kurve des Zulaufzustandes 1 liegen. H_3 ist jedoch kleiner als H_1, also ist auch h_3 kleiner als h_1. Der Unterschied ist auf Reibungsverluste (Dissipation) zurückzuführen.

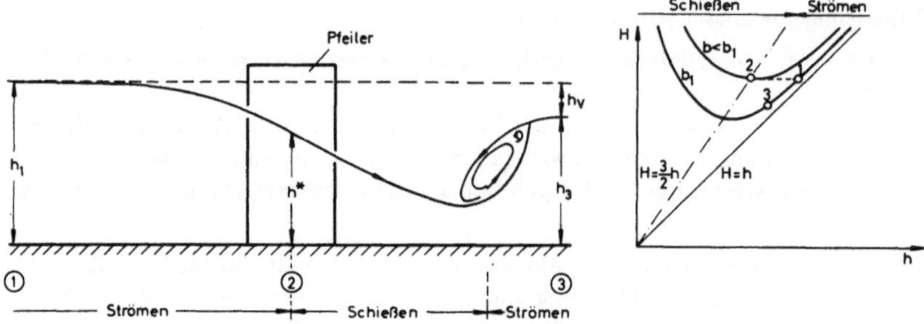

Abb. 38: Offene Gerinneströmung mit seitlicher Verengung (Pfeiler)

8.6. Inkompressible Strömungen mit Energiezufuhr (ohne Reibung)

Zur Berechnung inkompressibler, reibungsloser Strömungen mit Energiezufuhr kann auf den Energiesatz in Form der Gl. (117) zurückgegriffen werden. Da Reibungslosigkeit vorausgesetzt wird, gilt

$$\varphi_{12} = 0 \tag{142}$$

und damit

$$\frac{1}{2} w_2{}^2 + \frac{p_2}{\rho} + g\, z_2 = \frac{1}{2} w_1{}^2 + \frac{p_1}{\rho} + g\, z_1 + w_{t12} \,. \tag{143}$$

Definition 22:

Die zwischen Eintritts- und Austrittsstutzen einer Strömungsmaschine dem strömenden Fluid zugeführte oder entzogene spezifische technische Arbeit ist die *spezifische Stutzenarbeit Y*. Sie ist immer positiv, so daß gilt:

$$Y = w_{t12} \quad \text{(Pumpe)} \tag{144}$$

$$Y = - w_{t12} \quad \text{(Turbine)} \,. \tag{145}$$

Der Gebrauch der spezifischen Stutzenarbeit anstelle der technischen Arbeit ist besonders im Strömungsmaschinenbau üblich.

Beispiel 20: Pumpe

Eine Pumpe sei mit einer Rohrleitung konstanten Durchmessers d verbunden (Abb. 39). In der Leitung treten keine Verluste auf. Wie groß sind spezifische Stutzenarbeit Y und mechanische Leistung P_M der Pumpe? Wie groß ist die Förderhöhe H der Pumpe, wenn $p_3 = p_1$ ist?

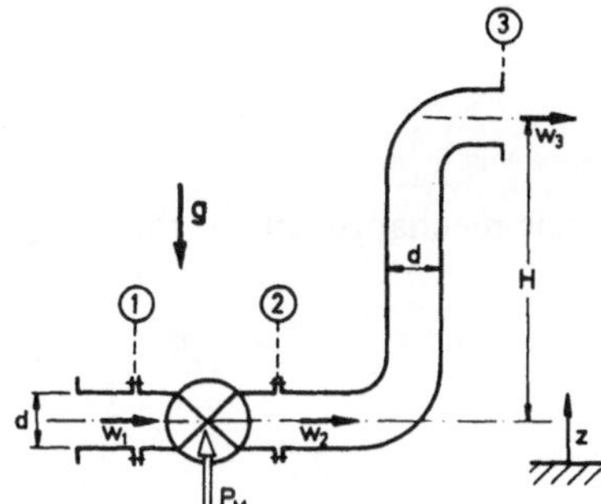

Abb. 39:
Rohrströmung mit Pumpe

Lösung:

Die spezifische Stutzenarbeit wird bestimmt, indem zwischen den Punkten 1 und 2 die Energiegleichung, Gl. (143), angesetzt wird. Da die Punkte 1 und 2 auf gleicher Höhe liegen, folgt

$$z_1 = z_2 .$$

Ferner verlangt die Kontinuitätsgleichung mit A = konst. und ρ = konst.:

$$w_1 = w_2 .$$

Aus Gl. (143) folgt dann für die spezifische Stutzenarbeit der Pumpe

$$w_{t12} = Y = \frac{\Delta p}{\rho} \tag{146}$$

mit dem *Druckanstieg* in der Pumpe

$$\Delta p = p_2 - p_1 \tag{147}$$

und für die mechanische Leistung:

$$P_M = \dot{m}\, Y = Q\, \rho\, Y = Q\, \Delta p . \tag{148}$$

Zwischen den Punkten 1 und 3 bestehen die Beziehungen:

$$p_3 = p_1$$

$$w_3 = w_1$$

$$w_{t13} = w_{t12} .$$

Damit ergibt Gl. (143), jetzt angewendet auf Punkt 3 statt auf Punkt 2:

$$w_{t12} = Y = g(z_3 - z_1) = g\,H . \tag{149}$$

Definition 23:

Die *Förderhöhe H* einer Pumpe ist die geodätische Höhendifferenz, über die sie ein Fluid bei dem gleichen Eintritts- und Austrittsdruck, der gleichen Eintritts- und Austrittsgeschwindigkeit und reibungsloser Strömung fördern könnte. Förderhöhe und mechanische Leistung hängen folgendermaßen zusammen:

$$P_M = \dot{m}\, Y = \dot{m}\, g\, H \,. \quad \text{(Pumpe)} \,. \tag{150}$$

Definition 24:

Der *Wirkungsgrad einer Pumpe* ist der Quotient aus mechanischer Leistung P_M und Wellenleistung P:

$$\eta_P = \frac{P_M}{P} = \frac{\dot{m}\, Y}{P} \,. \tag{151}$$

Beispiel 21: Turbine

Eine Turbine sei mit einer Rohrleitung konstanten Durchmessers d verbunden (Abb. 40). Unter der Annahme verlustfreier Strömung sind spezifische Stutzenarbeit Y, mechanische Leistung P_M und Fallhöhe H, für welche $p_3 = p_1$ ist, gesucht.

Lösung:

Analog zur Pumpe, Beispiel 20, folgt für die Turbine aus dem Energiesatz zwischen den Punkten 2 und 3:

$$w_{t23} = -Y = \frac{p_3 - p_2}{\rho} = -\frac{\Delta p}{\rho} = \frac{P_M}{\dot{m}} \,. \tag{152}$$

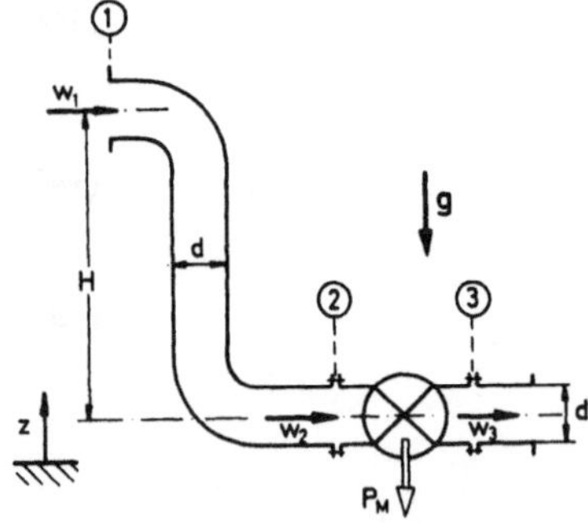

Abb. 40:
Rohrströmung mit Turbine

Darin ist

$$\Delta p = p_2 - p_3 \tag{153}$$

der *Druckabfall* in der Turbine. Die mechanische Leistung, die das Fluid an die Turbine abgibt, wird damit

$$P_M = -\dot{m}\,Y = -Q\,\Delta p \ .$$

Zwischen den Punkten 1 und 3 ergibt die Energiebilanz:

$$w_{t13} = w_{t23} = -Y = g(z_3 - z_1) = -g\,H \ . \tag{154}$$

Für Turbinen gilt die

Definition 25:

Die *Fallhöhe H* einer Turbine ist die geodätische Höhendifferenz, die notwendig wäre, um bei gleichem Eintritts- und Austrittsdruck, gleicher Eintritts- und Austrittsgeschwindigkeit und reibungsloser Strömung die Turbinenleistung zu erzeugen.

Fallhöhe H und mechanische Leistung hängen folgendermaßen zusammen:

$$P_M = -\dot{m}\,Y = -\dot{m}\,g\,H \qquad \text{(Turbine)} \ . \tag{155}$$

Definition 26:

Der *Wirkungsgrad einer Turbine* ist der Quotient aus Wellenleistung P und negativer mechanischer Leistung $(-P_M)$:

$$\eta_T = -\frac{P}{P_M} = \frac{P}{\dot{m}\,Y} \ . \tag{156}$$

8.7. Inkompressible Strömungen mit Reibung (ohne Energiezufuhr)

Für inkompressible Strömungen ohne Energiezufuhr lautet der Energiesatz in den drei verschiedenen Formen:

$$\text{Energieform:} \quad \frac{1}{2}\,w_2{}^2 + \frac{p_2}{\rho} + g\,z_2 = \frac{1}{2}\,w_1{}^2 + \frac{p_1}{\rho} + g\,z_1 - \varphi_{12} \tag{157}$$

$$\text{Druckform:} \quad \frac{\rho}{2}\,w_2{}^2 + p_2 + \rho g\,z_2 = \frac{\rho}{2}\,w_1{}^2 + p_1 + \rho g\,z_1 - \Delta p_g \tag{158}$$

$$\text{Höhenform:} \quad \frac{w_2{}^2}{2g} + \frac{p_2}{\rho g} + z_2 = \frac{w_1{}^2}{2g} + \frac{p_1}{\rho g} + z_1 - h_v \ . \tag{159}$$

Benutzt man den Gesamtdruck p_g nach Gl. (125), dann folgt aus Gl. (158)

$$\Delta p_g = p_{g1} - p_{g2} + \rho\,g(z_1 - z_2) \ . \tag{160}$$

Für $z_2 = z_1$ ist Δp_g der *Gesamtdruckverlust*. Zwischen der spezifischen Dissipation φ_{12}, dem *Gesamtdruckverlust* Δp_g und der *Verlusthöhe* h_V besteht der Zusammenhang

$$\varphi_{12} = \frac{\Delta p_g}{\rho} = g\, h_V \; . \tag{161}$$

Durch Dissipation (Reibungsverlust) nimmt danach der Gesamtdruck p_g in Strömungsrichtung bei $z = $ konst. ab.

Die Verlusthöhe h_V hat eine anschauliche Bedeutung. Im Beispiel 20 war die Förderhöhe der Pumpe gleich der geodätischen Höhendifferenz zwischen Anfangs- und Endpunkt der Rohrleitung, da Reibung vernachlässigt war. Bei Berücksichtigung von Rohrreibung muß auch die Verlustleistung von der Pumpe aufgebracht werden. Die überbrückbare geodätische Höhendifferenz ist dann um die Verlusthöhe h_V kleiner als die Förderhöhe der Pumpe. Umgekehrt muß die geodätische Höhendifferenz bei der Turbine um die Verlusthöhe h_V größer sein als die Fallhöhe der Turbine.

Die Erfahrung zeigt, daß die spezifische Dissipation φ_{12} sehr häufig proportional zur spezifischen kinetischen Energie $w^2/2$ ist.

Definition 27:

Die *Widerstandszahl* ζ ist definiert durch

$$\varphi_{12} = \zeta \, \frac{1}{2} \, w^2 \; . \tag{162}$$

Dabei ist ζ in vielen technischen Anordnungen eine Konstante. Bei Anordnungen, in denen sich die Geschwindigkeit ändert (z.B. Querschnittserweiterung in einem Diffusor) muß zum Verständnis von ζ angegeben werden, welche Bezugsgeschwindigkeit in der Definitionsgleichung, Gl. (162), gewählt wird.

Ein Rohrsystem läßt sich in Teilsysteme aufteilen. Die gesamte Dissipation ist dann gleich der Summe der Dissipationen aller Teilsysteme

$$P_{R\,ges} = P_{R1} + P_{R2} + P_{R3} + \ldots = \sum_i P_{R\,i} \tag{163}$$

mit

$$P_{R\,i} = \dot{m}_i \, \zeta_i \, \frac{1}{2} \, w_i{}^2 \; . \tag{164}$$

Handelt es sich um Teilsysteme, die nacheinander von demselben Massenstrom durchströmt werden ($\dot{m} = $ konst.), dann ist die gesamte spezifische Dissipation gleich der Summe der spezifischen Dissipationen aller Teilsysteme.

Für einige Rohrleitungselemente sind die Widerstandszahlen ζ im Anhang, Tabelle 8, angegeben.

Für die *Rohrströmung* sind noch genauere Angaben über die Widerstandszahl möglich. Betrachtet man ein Rohrstück, das kein Kreisrohr sein muß, mit der Länge l und dem Umfang U, dann wirkt die Reibungskraft an der Wand

$$F_R = \tau_w \, U \, l \, .$$

Dabei wurde angenommen, daß die *Wandschubspannung* τ_w über dem Umfang U *konstant* ist. Durch Multiplikation mit der Geschwindigkeit w des Fluids erhält man die Reibungsleistung oder Dissipation

$$P_R = \dot{m} \, \varphi_{12} = F_R \, w = \tau_w \, U \, l \, w \, . \tag{165}$$

Aus Gl. (162) folgt

$$\zeta = \frac{2 \, \varphi_{12}}{w^2} = \frac{2 P_R}{\dot{m} w^2} = \frac{2 \, \tau_w \, U \, l \, w}{\rho \, w \, A \, w^2} \, . \tag{166}$$

Definition 28:

Als *hydraulischer Durchmesser* wird definiert

$$d_h = \frac{4A}{U} \, . \tag{167}$$

Dabei sind U der *benetzte Umfang* und A die Fläche des vom Fluid ausgefüllten Querschnitts. Für den Kreisquerschnitt sind hydraulischer Durchmesser und Kreisdurchmesser gleich.

Damit lautet Gl. (166):

$$\zeta = \frac{8 \, \tau_w}{\rho w^2} \, \frac{l}{d_h} \, . \tag{168}$$

Der Faktor $8\tau_w/\rho w^2$ ist in guter Näherung konstant. Er wird daher mit dem Buchstaben λ bezeichnet.

Definition 29:

Die *Rohrreibungszahl* λ ist definiert durch die Gleichung

$$\varphi_{12} = \lambda \, \frac{l}{d_h} \, \frac{1}{2} \, w^2 \, . \tag{169}$$

Es gilt also

$$\zeta = \lambda \, \frac{l}{d_h} \, . \tag{170}$$

wobei

$$\lambda = \frac{8 \, \tau_w}{\rho w^2} \tag{171}$$

gesetzt wird.

Bei der Rohrströmung ist die Widerstandszahl proportional zur Rohrlänge und umgekehrt proportional zum hydraulischen Durchmesser. Als Anhaltswert für λ kann dienen

$$\lambda \approx 0{,}03 \tag{172}$$

Streng genommen ist λ jedoch *keine* Konstante, wie in Kap. 12.3 ausführlich dargelegt wird.

Beispiel 22: Gerades Kreisrohr mit Reibungsverlusten

Gegeben sei entsprechend Abb. 41 ein großer Behälter, aus dem Flüssigkeit durch ein gerades Kreisrohr mit der Länge *l*, dem Durchmesser d und der Rohrreibungszahl λ in die Umgebung ausströmt. Der Behälter ist bis zur Höhe H mit Flüssigkeit gefüllt. Wie groß ist die Ausflußgeschwindigkeit w?

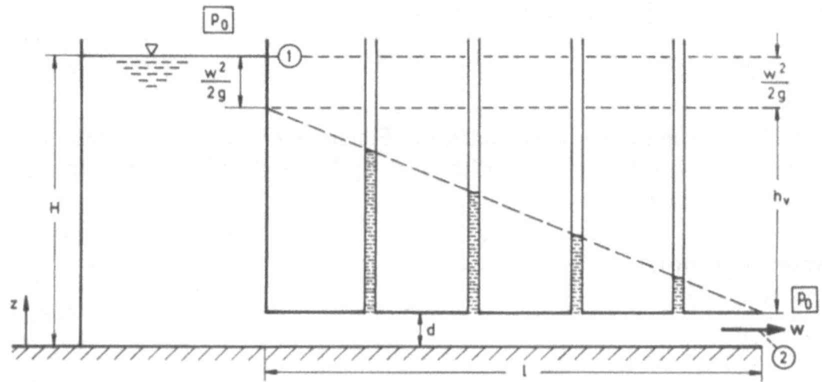

Abb. 41: Reibungsbehaftete Strömung in einem Ausflußrohr

Lösung:

In reibungsloser Strömung würde sich die *Torricelli*sche Ausflußformel, Gl. (121), ergeben

$$w = \sqrt{2\,g\,H} \qquad \text{(reibungslos)} .$$

Bei Berücksichtigung der Reibung lautet der Energiesatz, Gl. (159), spezialisiert auf den vorliegenden Fall:

$$\frac{w^2}{2g} + \frac{p_0}{\rho g} + 0 = 0 + \frac{p_0}{\rho g} + H - h_v \tag{173}$$

oder

$$w = \sqrt{2\,g(H - h_v)} . \tag{174}$$

Die für die Ausflußgeschwindigkeit maßgebliche Höhe verringert sich bei reibungsbehafteter Strömung um die Verlusthöhe.

Für die Berechnung von w ist Gl. (174) nicht geeignet, da h_V noch von w abhängt. Führt man in Gl. (173) die Rohrreibungszahl λ ein, folgt unter Verwendung der Gln. (161) und (169)

$$w = \sqrt{\frac{2g\,H}{1 + \lambda\,\dfrac{l}{d}}} \,. \tag{175}$$

Im Fall $\lambda = 0$ erhält man wieder die *Torricelli*-Formel.

Beispiel 23: Meßblende (Messung des Volumenstroms)

Abb. 42 zeigt eine in eine Rohrströmung eingefügte Blende. Wie kann damit der Volumenstrom gemessen werden?

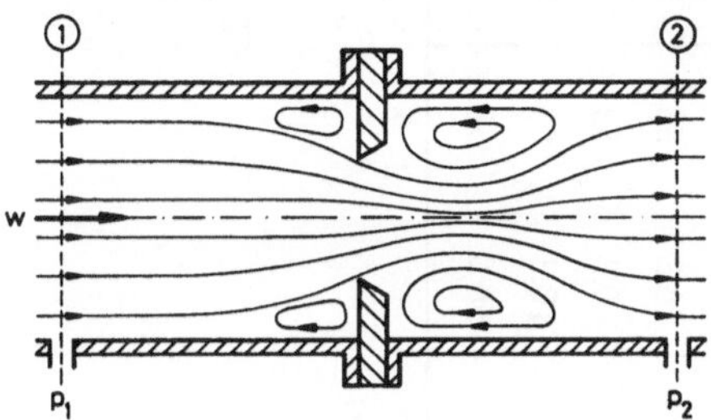

Abb. 42: Meßblende

Lösung:

Die Meßblende stellt einen lokalen Widerstand in der Rohrströmung dar. Die Verwirbelung der Strömung an der Blende ist mit Dissipation verbunden. Entsprechend den Gln. (157) und (162) ist wegen $z_2 = z_1$ und $w_2 = w_1$ (A = konst.)

$$p_1 - p_2 = \zeta\,\frac{\rho}{2}\,w^2 \,.$$

Der Volumenstrom folgt also aus der Messung des Druckabfalls $p_1 - p_2$ an der Blende zu:

$$Q = A\,w = A\,\sqrt{\frac{2\,(p_1 - p_2)}{\rho\,\zeta}} \,. \tag{176}$$

Solche Blendenmessungen sind zwar mit Verlusten verbunden, haben aber gegenüber etwa einer Messung mit einem *Venturi*-Rohr (vgl. Beispiel 17) den Vorzug, sehr genau und unbeeinflußt von Druck- und Temperaturschwankungen zu sein. *Normblenden* sind nach DIN 1952 genormte Meßblenden.

Beispiel 24: Wirkungsgrad eines Windkanals

Für einen kleinen Windkanal Göttinger Bauart (offene Meßstrecke, geschlossener Kreislauf) entsprechend Abb. 43 mit einem Strahldurchmesser in der Meßstrecke von d = 0,5 m und der Strahlgeschwindigkeit $w_S = 50$ m/s soll der Wirkungsgrad

$$\eta_W = 1 - \frac{P_R}{P_S}$$

Tabelle 3: Verlustleistungen in den Elementen eines Windkanals Göttinger Bauart nach Abb. 43

i	Windkanal-elemente	weitere Angaben	$\dfrac{d}{m}$	$\dfrac{w}{m/s}$	$\dfrac{w_i}{m/s}$	$\dfrac{\frac{1}{2}w_i^2}{m^2/s^2}$	ζ_i	$\dfrac{\varphi_i}{m^2/s^2}$	$\dfrac{100\,\varphi_i}{\Sigma\,\varphi_i}$
1	Diffusor	$\alpha = 6{,}4°$, C = 0,05	0,5 bis 0,7	50 bis 25,5	50,0	1250	0,037	46	24
2	Umlenkung	opt. Leitbleche	0,7	25,5	25,5	325	0,15	49	26
3	Diffusor	$\alpha = 6{,}4°$, C = 0,05	0,7 bis 0,8	25,5 bis 19,5	25,5	325	0,021	7	4
4	Umlenkung	opt. Leitbleche	0,8	19,5	19,5	190	0,15	29	15
5	Gebläse	Kreisrohr, $l/d = 1{,}5$	0,8	19,5	19,5	190	0,017	3	2
6	Diffusor	$\alpha = 5°$, C = 0,10	0,8 bis 1,1	19,5 bis 10,3	19,5	190	0,072	14	7
7	Umlenkung	opt. Leitbleche	1,1	10,3	10,3	53	0,15	8	4
8	Umlenkung	opt. Leitbleche	1,1	10,3	10,3	53	0,15	8	4
9	Gleichrichter	$\zeta = 0{,}2$	1,1	10,3	10,3	53	0,20	11	6
10	Turbulenzsieb	s = 1 mm, t = 10 mm	1,1	10,3	10,3	53	0,18	10	5
11	Düse	$\zeta = 0{,}004$ (Bezug w_2)	1,1 bis 0,5	10,3 bis 50	50,0	1250	0,004	5	3

Σ: 190   100

bestimmt werden. Dabei sind P_R die Verlustleistung im Windkanal und $P_S = \dot{m} \cdot w_S^2/2$ die Strahlleistung. Angaben über die Windkanalelemente sind in Tabelle 3 zusammengestellt. Die Widerstandszahlen sind Tabelle 8 zu entnehmen.

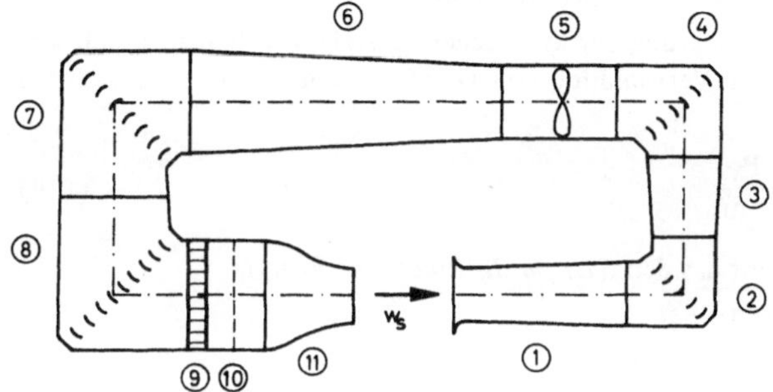

Abb. 43:
Windkanal Göttinger Bauart

Lösung:

In Tabelle 3 sind die Verlustleistungen in den einzelnen Windkanalelementen und die gesamte Verlustleistung berechnet. Der Wirkungsgrad ergibt sich zu

$$\eta_W = 1 - \frac{190}{1250} = 0,85 \ .$$

Die Dissipation des Freistrahles in der Meßstrecke ist dabei noch nicht berücksichtigt. Sie beträgt etwa 5 % der gesamten Dissipation, so daß dadurch der Wirkungsgrad auf etwa $\eta_W = 0,84$ absinkt.
Die größten Verluste treten bei Diffusoren und Umlenkungen im Bereich der höheren Geschwindigkeiten auf.

9. Kompressible Strömungen durch Stromröhren

9.1. Grundgleichungen für isentrope Strömungen

Die betrachtete Strömung soll folgende Bedingungen erfüllen

1. horizontale Strömung, also z = konst.
2. keine Energiezufuhr, also $w_{t12} = 0$
3. adiabate Strömung, also $q_{12} = 0$
4. reibungslose Strömung, also $\varphi_{12} = 0$

Die drei ersten Bedingungen vereinfachen Gl. (114) zum *Energiesatz*:

$$\frac{1}{2}\,w_2{}^2 + h_2 = \frac{1}{2}\,w_1{}^2 + h_1 \ . \tag{177}$$

Dieser Energiesatz gilt *auch* für Strömungen *mit Reibung*.

Aus Gl. (100), dem Satz über die Änderung der kinetischen Energie, erhält man durch Anwendung auf die Stromröhre unter Verwendung von Gl. (115) und den oben genannten Bedingungen ($P_K = P_M = P_R = 0$)

$$\frac{1}{2}\,w_2^2 + \frac{p_2}{\rho_2} = \frac{1}{2}\,w_1^2 + \frac{p_1}{\rho_1} - \frac{P_V}{m} \ . \tag{178}$$

Wie in Kapitel 10 gezeigt wird, ergibt das den *Satz für die kinetische Energie*

$$\frac{1}{2}\,w_2^2 + \frac{p_2}{\rho_2} = \frac{1}{2}\,w_1^2 + \frac{p_1}{\rho_1} + \int\limits_1^2 p\,d\!\left(\frac{1}{\rho}\right) . \tag{179}$$

Dieser so reduzierte Energiesatz gilt *nur* für *reibungslose* Strömungen. Benutzt man die Definition der spezifischen Enthalpie h, Gl. (96), so ergibt der Vergleich der Gln. (177) und (179), daß für *reibungslose adiabate* Strömungen ($P_R = 0$, $P_W = 0$) das Integral in Gl. (179) gleich der Abnahme der spezifischen inneren Energie ist:

$$u_1 - u_2 = \int\limits_1^2 p\,d\!\left(\frac{1}{\rho}\right) . \tag{180}$$

Eine weitere grundlegende Größe ist die Schallgeschwindigkeit.

Definition 30:

Die Fortpflanzungsgeschwindigkeit kleiner Druckstörungen heißt *Schallgeschwindigkeit a*. Für sie gilt

$$a = \sqrt{\left(\frac{dp}{d\rho}\right)_s} \ \ . \tag{181}$$

Der Index s besagt, daß die Ableitung des Druckes nach der Dichte bei konstanter Entropie s erfolgen muß. Die Herleitung der Formel (181) wird in Kap. 10, Gl. (223), nachgeholt.

Die bisher betrachteten Gleichungen gelten für beliebige Gase.
Im folgenden wird ideales Gas konstanter spezifischer Wärmekapazität (perfektes Gas) angenommen. Dafür gilt entsprechend den Gln. (50), (96) und (104):

$$\frac{p}{\rho} = R\,T \tag{182}$$

$$u = c_v\,T \tag{183}$$

$$h = u + \frac{p}{\rho} = (c_v + R)\, T = c_p\, T \,. \tag{184}$$

Bei perfektem Gas wird das Verhältnis der *spezifischen Wärmekapazität bei konstantem Druck* c_p und der *spezifischen Wärmekapazität bei konstantem Volumen* c_v als *Isentropenexponent* κ bezeichnet. Es gilt

$$\kappa = \frac{c_p}{c_v} \tag{185}$$

mit

$$c_p = c_v + R, \qquad [c_p] = \frac{m^2}{s^2\, K}\,. \tag{186}$$

Betrachtet man eine Stromröhre mit infinitesimaler Länge ds, dann folgt aus Gl. (180)

$$du = c_v\, dT = -\, p\, d\left(\frac{1}{\rho}\right). \tag{187}$$

Differentiation von Gl. (182) liefert andererseits

$$R\, dT = \frac{1}{\rho}\, dp + p\, d\left(\frac{1}{\rho}\right). \tag{188}$$

Eliminiert man dT in den Gln. (187) und (188) und benutzt die Definitionsgleichungen (185) und (186), so erhält man nach einigen Umformungen

$$\frac{dp}{p} = \kappa\, \frac{d\rho}{\rho}\,.$$

Nach Integration folgt die sogenannte *Isentropengleichung für perfekte Gase*

$$\frac{p}{\rho^{\kappa}} = \text{konst.} \,. \tag{189}$$

Diese Gleichung wurde bereits in Kap. 4.3 bei der Behandlung der isentropen Atmosphäre benutzt.
Erfüllt ein perfektes Gas die Zustandsänderung nach Gl. (189), so spricht man von *isentroper* Zustandsänderung.

Satz 18: Eine reibungslose adiabate Strömung verläuft isentrop, d.h. der Strömungsvorgang ist reversibel (Entropie bleibt konstant). Für perfekte Gase gilt Gl. (189).

Zur Ableitung von Gl. (189) wurde der Satz für die kinetische Energie, Gl. (179), benutzt. Im folgenden kann deshalb Gl. (179) unberücksichtigt bleiben, da statt dessen Gl. (189) verwendet wird.

Damit stehen für das perfekte Gas folgende Grundgleichungen zur Verfügung:

Energiesatz:
$$\frac{1}{2}\,w_2{}^2 + c_p\,T_2 = \frac{1}{2}\,w_1{}^2 + c_p\,T_1 \;. \tag{190}$$

Isentropengleichung:
$$\frac{p_2}{\rho_2{}^\kappa} = \frac{p_1}{\rho_1{}^\kappa} \;. \tag{191}$$

Zustandsgleichung:
$$\frac{p}{\rho} = R\,T \;. \tag{192}$$

Schallgeschwindigkeit:
$$a. = \sqrt{\kappa\,R\,T'} \;. \tag{193}$$

Kontinuitätsgleichung:
$$\rho_2\,w_2\,A_2 = \rho_1\,w_1\,A_1 \;. \tag{194}$$

Die Gleichung für die Schallgeschwindigkeit folgt aus den Gln. (181) und (189).

Definition 31:

Das Verhältnis der Geschwindigkeit w zur örtlichen Schallgeschwindigkeit a wird als *M a c h -Zahl Ma* bezeichnet.

$$Ma = \frac{w}{a} \;. \tag{195}$$

9.2. Ausströmen aus einem Kessel

Perfektes Gas strömt nach Abb. 44 aus einem Kessel. Der Gaszustand im Kessel ist durch die Werte p_0, ρ_0 und T_0 gegeben, die die Zustandsgleichung, Gl. (192), erfüllen müssen. Da im Kessel Ruhe herrscht (w = 0), spricht man statt von *Kesselzustand* auch von *Ruhezustand* und auch von *Ruhedruck, Ruhedichte* und *Ruhetemperatur*. Gesucht sind die Ausströmgeschwindigkeit w und die Werte ρ und T des Gases im Austrittsquerschnitt, wenn der Umgebungsdruck p vorgegeben ist.

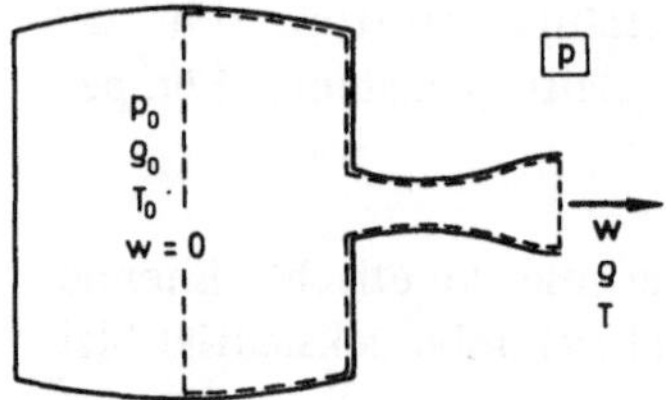

Abb. 44:
Ausströmen aus einem Kessel

Für die in Abb. 44 eingezeichnete Kontrollfläche (Stromröhre) erhält man aus
Gl. (191)

$$\frac{\rho}{\rho_0} = \left(\frac{p}{p_0}\right)^{\frac{1}{\kappa}} . \tag{196}$$

Diese Funktion ist in Abb. 45 für $\kappa = 1,4$ (Luft) aufgetragen. Aus den beiden
Zustandsgleichungen

$$\frac{p}{\rho} = R\,T , \qquad \frac{p_0}{\rho_0} = R\,T_0$$

erhält man

$$\frac{T}{T_0} = \frac{p}{p_0}\left(\frac{\rho}{\rho_0}\right)^{-1} = \left(\frac{p}{p_0}\right)^{1-\frac{1}{\kappa}} = \left(\frac{p}{p_0}\right)^{\frac{\kappa-1}{\kappa}} . \tag{197}$$

Auch diese Funktion ist in Abb. 45 aufgetragen. Aus dem Energiesatz erhält
man die Ausströmgeschwindigkeit zu

$$w = \sqrt{2\,c_p\,(T_0 - T)} \tag{198}$$

Danach gibt es eine *Maximalgeschwindigkeit*

$$w_{max} = \sqrt{2\,c_p\,T_0} \tag{199}$$

bei Ausströmen ins *Vakuum* (T = 0, p = 0). Diese hängt nur von der Ruhetemperatur, also *nicht* vom Ruhedruck ab.
Die auf die Maximalgeschwindigkeit bezogene Geschwindigkeit ist dann

$$\frac{w}{w_{max}} = \sqrt{1 - \frac{T}{T_0}} = \sqrt{1 - \left(\frac{p}{p_0}\right)^{\frac{\kappa-1}{\kappa}}} . \tag{200}$$

Eine Auftragung dieser Funktion befindet sich ebenfalls in Abb. 45. Aus den
Gln. (197) und (200) ergibt sich die *Mach*-Zahl gemäß Gl. (195) zu

$$Ma = \frac{w}{a} = \frac{w}{w_{max}}\,\frac{w_{max}}{a} = \frac{w}{w_{max}}\,\sqrt{\frac{2}{\kappa-1}\,\frac{T_0}{T}} . \tag{201}$$

In Abb. 45 ist auch die Machzahl als Funktion des Druckverhältnisses p/p_0 für
das gewählte $\kappa = 1,4$ (Luft) dargestellt. Beim sogenannten kritischen Druckverhältnis

$$\frac{p^*}{p_0} = 0,528 \tag{202}$$

hat die Machzahl den Wert eins, d.h. bei diesem Druckverhältnis strömt das Gas
mit Schallgeschwindigkeit. Für größere Druckverhältnisse erfolgt das Ausströ-

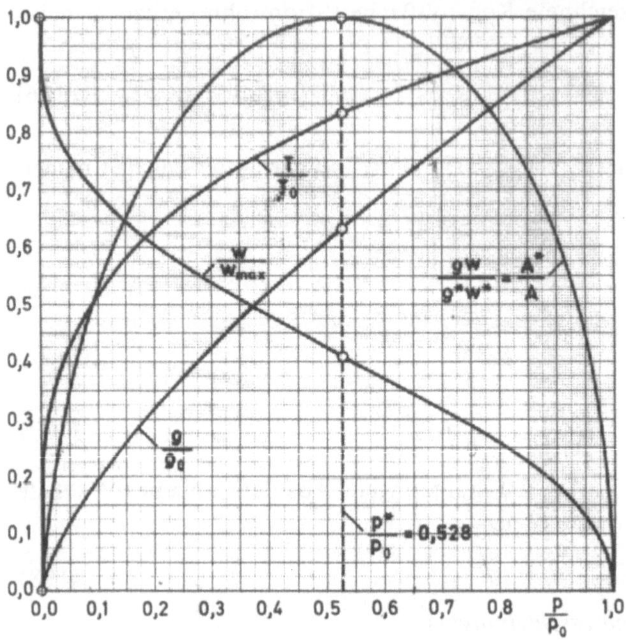

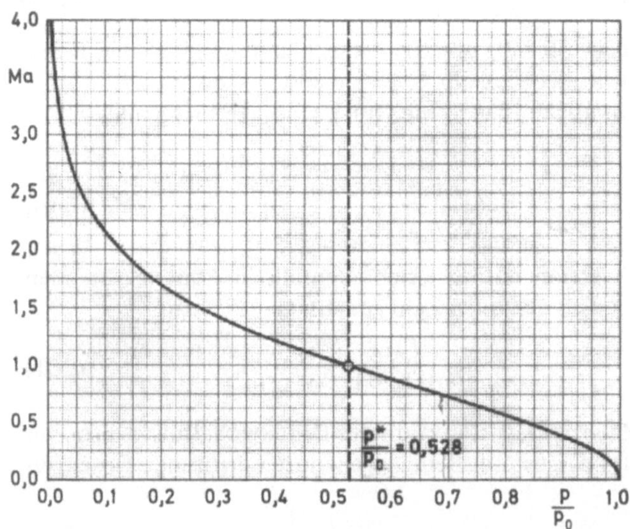

Abb. 45:
Verschiedene Strömungsgrößen (Geschwindigkeit w, Dichte ρ, Stromdichte ρw, Temperatur T und *Mach*-Zahl Ma) in Abhängigkeit vom Druck p für isentrope Strömungen.
Index 0: Ruhegrößen, Index *: kritische Größen, w_{max} nach Gl. (199)

men mit Unterschallgeschwindigkeit (Ma < 1, p/p_0 > p^*/p_0), für kleinere Druckverhältnisse mit Überschallgeschwindigkeit (Ma > 1, p/p_0 < p^*/p_0).

Beispiel 25: Stautemperatur (Ruhetemperatur)

Es wird die Umströmung eines Körpers nach Abb. 46 betrachtet. Gegeben sind *Mach*-Zahl und Temperatur der Anströmung. Gesucht ist die Temperatur T_0 im Staupunkt.

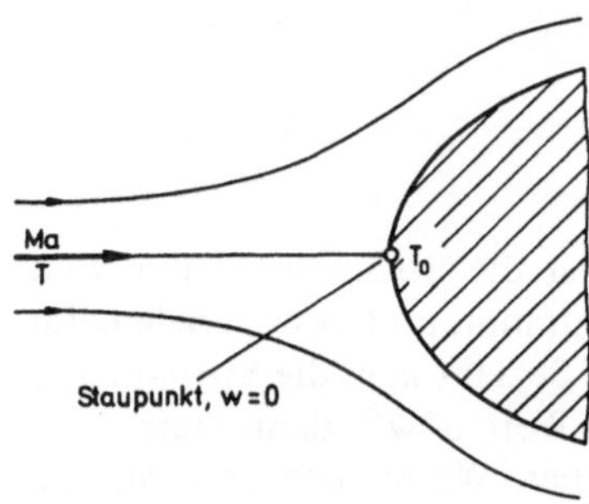

Abb. 46:
Staupunkt-Strömung

Lösung:
Für die Stromlinie, die den Staupunkt trifft, kann der Energiesatz, Gl. (190), angewendet werden:

$$T_0 = T + \frac{w^2}{2c_p} \, .$$

Wegen

$$a^2 = \kappa \, R \, T$$

folgt daraus mit $\kappa \, R = (\kappa - 1) \, c_p$

$$T_0 = T\left(1 + \frac{\kappa - 1}{2} \, Ma^2\right) . \tag{203}$$

Da im Staupunkt w = 0 gilt, ist T_0 die Ruhetemperatur.

Zahlenbeispiel: T = 288 K (15° C)

                     Ma = 2, κ = 1,4

                     T_0 = 518 K (245 °C).

Anmerkung: Für Unterschallanströmung können von T/T_0 die Werte für Druck (p/p_0) und Dichte (ρ/ρ_0) im Staupunkt aus Abb. 45 abgelesen werden. Bei Überschallanströmung geht das *nicht*, da sich vor dem Körper ein Verdichtungsstoß bildet, der nicht mehr isentrop verläuft (vgl. Kap. 10).

9.3. Massenstromdichte

Bisher wurde die Kontinuitätsgleichung, Gl. (194), nicht verwendet. Das ist dann erforderlich, wenn die Geometrie der Stromröhre, d.h. der Verlauf der Querschnittsfläche A, gegeben ist. Damit ist dann nach Gl. (194) der Verlauf des Produktes von Dichte und Geschwindigkeit ρw, das als *Massenstromdichte* oder kurz als *Stromdichte* bezeichnet wird, festgelegt. Aus den Gln. (196) und (200) ergibt sich für die relative Massenstromdichte

$$\frac{\rho\, w}{\rho_0\, w_{max}} = \left(\frac{p}{p_0}\right)^{\frac{1}{\kappa}} \sqrt{1 - \left(\frac{p}{p_0}\right)^{\frac{\kappa-1}{\kappa}}} .$$

Bei gegebenem Kesselzustand (ρ_0, w_{max} fest) ist die Stromdichte nur vom Druckverhältnis p/p_0 abhängig. Sie besitzt ein Maximum, und zwar gerade beim kritischen Druckverhältnis p^*/p_0 nach Gl. (202). Bezieht man die Stromdichte auf ihren Maximalwert, d.h. auf ihren kritischen Wert $\rho^* w^*$, dann ergibt sich der in Abb. 45 dargestellte Verlauf. Die kritischen Werte, bezogen auf die Ruhegrößen, sind in Tabelle 4 für $\kappa = 1,4$ (Luft) zusammengestellt:

Tabelle 4: Kritische Werte für isentrope Strömung, $\kappa = 1,4$.

p^*/p_0	0,528
ρ^*/ρ_0	0,634
T^*/T_0	0,833
a^*/a_0	0,913
a^*/w_{max}	0,408
Ma^*	1

Satz 19: In kritischem Zustand, in dem die Geschwindigkeit gleich der Schallgeschwindigkeit ist ($Ma = 1$), hat die Stromdichte ein Maximum.

Damit folgt das in Abb. 47 verdeutlichte unterschiedliche Verhalten von Unter- und Überschallströmungen bei Querschnittsänderungen, das unmittelbar aus der Abb. 45 gefolgert werden kann.

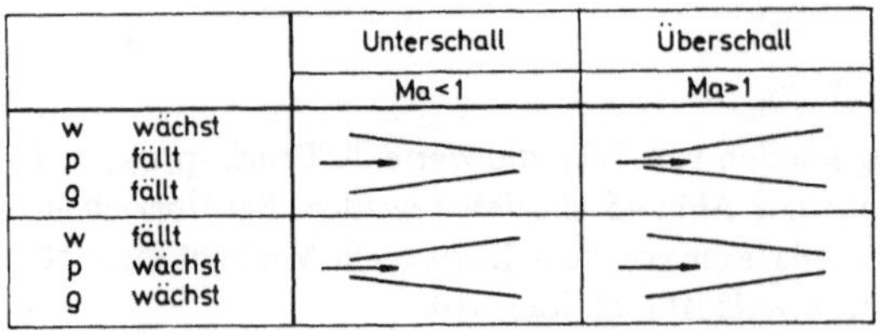

		Unterschall	Überschall
		Ma < 1	Ma > 1
w p ϱ	wächst fällt fällt		
w p ϱ	fällt wächst wächst		

Abb. 47:
Vergleich von Unterschall- und Überschallströmungen

Beispiel 26: Isentrope Strömung durch Stromröhre

Gegeben ist entsprechend Abb. 48 eine Stromröhre mit dem Eingangsquerschnitt A_1 und dem Ausgangsquerschnitt A_2. Außerdem sind die Strömungsgrößen w_1, p_1, ρ_1 und T_1 am Eingang gegeben.
Gesucht sind die Strömungsgrößen w_2, p_2, ρ_2 und T_2 am Ausgang.

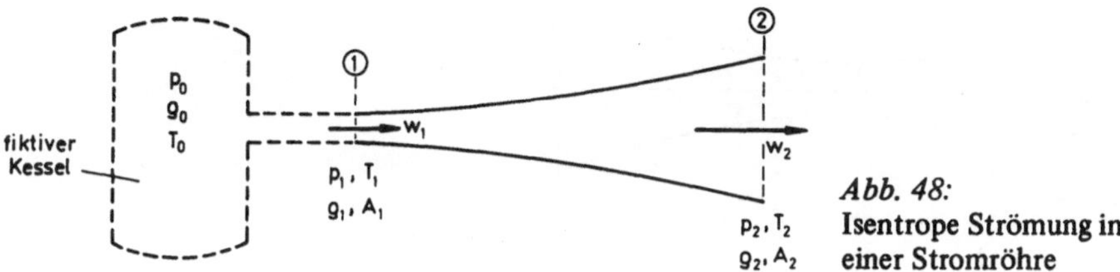

Abb. 48:
Isentrope Strömung in einer Stromröhre

Lösung:

Die Aufgabe läßt sich auf den Vorgang des Ausströmens aus einem Kessel zurückführen. Dazu stellt man sich vor, daß die Strömung im Punkt 1 aus einem *fiktiven Kessel* gekommen ist. Der zum Zustand 1 gehörende Kesselzustand muß demnach ermittelt werden. Ist der Kesselzustand bekannt, kann der Ausströmvorgang entsprechend Kap. 9.2 bis zum Querschnitt 2 behandelt werden, denn in isentroper Strömung ist der Kesselzustand für alle Strömungsquerschnitte gleich. (Das gilt nicht mehr bei reibungsbehafteter Strömung.)
Kesseltemperatur aus dem Energiesatz, Gl. (190):

$$T_0 = T_1 + \frac{w_1{}^2}{2c_p}\,.$$

Mit T_1/T_0 folgen aus Abb. 45 p_1/p_0, ρ_1/ρ_0 und $\rho_1\,w_1/\rho^*\,w^* = A^*/A_1$. Damit ist die kritische Querschnittsfläche A^* bekannt.
Mit dem Verhältnis A^*/A_2 erhält man aus Abb. 45 alle gesuchten Strömungsgrößen im Querschnitt 2.
Die Lösung ist jedoch nicht eindeutig, da es für ein gegebenes Verhältnis A^*/A jeweils zwei verschiedene Druckverhältnisse gibt, und zwar eins im Unterschall- und eins im Überschallbereich. Welche Lösung gilt, hängt von der geometrischen Form der Stromröhre zwischen den Endquerschnitten ab.

9.4. L a v a l -Düse

Aus Abb. 47 geht hervor, daß zur Erhöhung der Geschwindigkeit der Stromröhrenquerschnitt im Unterschallbereich verengt, im Überschallbereich jedoch erweitert werden muß. Will man eine kleine Geschwindigkeit bis auf Überschallgeschwindigkeit erhöhen, muß sich der Querschnitt erst verengen und dann wieder erweitern. Eine derartige Anordnung wird *L a v a l -Düse* genannt. Der Druckverlauf in einer *Laval*-Düse ist in Abb. 49 skizziert. Liegt der Druck p_2 im Ausgangsquerschnitt 2 nur wenig unter dem Kesseldruck, wird sich eine reine Unterschallströmung wie in einem *Venturi*-Rohr ausbilden. An der engsten Stelle tritt dann der niedrigste Druck auf. Wird der Druck p_2 abgesenkt bis zum Wert p_{2ob}, dann wird im engsten Querschnitt der kritische Druck erreicht. In diesem Fall sinkt der Druck hinter der engsten Stelle weiter ab. Am Ausgang herrscht dann der durch die Geometrie der Düse festgelegte Druck p_{2un}, und damit liegt dort eine Überschallströmung vor.

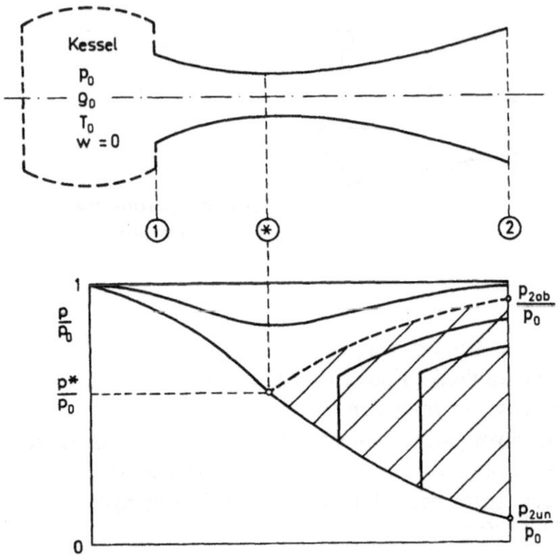

Abb. 49:

Laval-Düse

Bei Überschallströmung herrscht im engsten Querschnitt kritischer Zustand (Index *)

Eine Überschallströmung kann nur durch eine *Laval*-Düse erzeugt werden. Im engsten Querschnitt der Düse herrscht dann kritischer Zustand, d.h. die Geschwindigkeit ist dort gleich der Schallgeschwindigkeit.

Durch Absenken des Druckes p_2 unter den Wert p_{2un} kann die Strömung in der Düse *nicht* beeinflußt werden, da sich „Störungen" in einer Überschallströmung stromaufwärts nicht auswirken können. Es erfolgt dann lediglich eine Druckabsenkung durch *Nachexpansion* hinter dem Düsenausgang. Liegt der *Gegendruck* p_2 im Bereich zwischen p_{2un} und p_{2ob}, dann ist eine isentrope Strömung in der *Laval*-Düse überhaupt nicht möglich (schraffierter Bereich in Abb. 49). Es treten dann *Verdichtungsstöße* auf, die nicht mehr den Gesetzen der isentropen Strömung gehorchen. Darauf wird in Kap. 10 eingegangen.

Es besteht eine Analogie zwischen der kompressiblen Strömung durch Stromröhren und der Gerinneströmung. Der Unterschallströmung entspricht das Strömen, der Überschallströmung das Schießen. Der kritischen Schallgeschwindigkeit $a*$ entspricht die Grenzgeschwindigkeit $w*$ usw. Auf diese Analogie wird in Kap. 10 noch näher eingegangen.

In den vorangegangenen Kapiteln wurde häufig von inkompressibler Strömung ausgegangen. Es erhebt sich die Frage, wann die Bedingung $\rho =$ konst. erfüllt ist. Läßt man eine Abweichung in der Dichte von 5 % als Toleranz zu, so erkennt man aus Abb. 45, daß Strömungen mit *Mach*-Zahlen von Ma < 0,3 als inkompressibel betrachtet werden können. Mit einer Schallgeschwindigkeit bei Normalbedingungen (a = 340 m/s) ergeben sich Geschwindigkeiten von etwa

$$w < 100 \text{ m/s} \qquad \text{(inkompressibel)} . \tag{204}$$

Wird die Geschwindigkeit von etwa 100 m/s nicht überschritten, können auch Gasströmungen als inkompressible Strömungen behandelt werden.

10. Impulssatz

In Kap. 7 war für einen vorgegebenen Kontrollraum eine Massenbilanz aufgestellt worden. Da die Massenelemente eines Fluids Energieträger sind, konnte in Kap. 8 eine entsprechende Energiebilanz für den Kontrollraum aufgestellt werden, woraus die Formulierung des Energiesatzes folgte.
Die Massenelemente des strömenden Fluids sind auch Träger von *Impuls*. Impuls ist das Produkt von Masse und Geschwindigkeit. Aufgrund seiner Geschwindigkeit besitzt jedes strömende Fluidelement einen Impuls. Man erhält daher die zeitliche Impulsänderung des Fluids im Kontrollraum, indem man im Integral der Gl. (85) die Dichte ρ durch das Produkt ρw ersetzt:

$$\frac{dI}{dt} = - \iint_K (\rho \, w) \, w \, dA . \tag{205}$$

Das *N e w t o n sche Grundgesetz* verlangt, daß Gleichgewicht zwischen der Impulsänderung und der Summe aller angreifenden Kräfte F_i besteht.

$$\frac{dI}{dt} + \sum_i F_i = 0 . \tag{206}$$

Ausführlich lautet damit der *Impulssatz für Fluide*:

$$\iint_K \rho w \, dQ = F_K + F_P + F_S . \tag{207}$$

Bei dieser Schreibweise muß beachtet werden, daß *einfließende* Volumenströme *negativ* anzusetzen sind. Die Kräfte auf der rechten Seite von Gl. (207) haben folgende Bedeutung:

$$F_K = \iiint_V k \, dV \tag{208}$$

ist die *Volumenkraft eines Kraftfeldes*. Das Kraftfeld ist durch den auf das Volumen bezogenen Kraftvektor k gegeben. Beim Schwerefeld gilt $k = \rho g$. Bei elektrisch leitenden Fluiden (Plasma) kommen auch magnetische Kraftfelder in Betracht.

In vielen praktischen Fällen, insbesondere bei Gasströmungen, kann F_K vernachlässigt werden.

$$F_P = - \iint_A p \, dA \tag{209}$$

ist die *Druckkraft auf den freien Teil A* der Kontrollfläche K (strichpunktiert in Abb. 50). Das Minuszeichen berücksichtigt, daß der Flächenvektor dA nach außen der Druckkraft entgegen gerichtet ist.

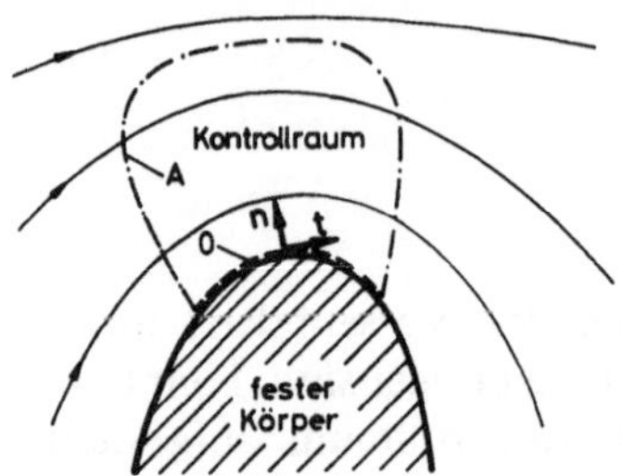

Abb. 50:
Aufteilung der Kontrollfläche K in eine freie Fläche A und eine feste Fläche O

Streng genommen müßten in F_P auch noch die an der Fläche A angreifenden Schubkräfte berücksichtigt werden, jedoch können diese an *freien* Oberflächen meistens vernachlässigt werden.

$$F_S = \iint_0 s \, d0 \tag{210}$$

ist die *Stützkraft vom festen Teil 0* der Kontrollfläche K (gestrichelt in Abb. 50). F_S wirkt vom Körper auf das Fluid und enthält Druck- und Schubkräfte. Für den *Spannungsvektor* s kann nach Abb. 50 geschrieben werden:

$$s = p \, n - \tau_w \, t \, ,$$

wobei n und t die Einheitsvektoren normal und tangential zur Körperoberfläche sind.

Der Impulssatz, Gl. (207), ist eine Vektorgleichung, repräsentiert also im allgemeinen drei Komponentengleichungen.

Die beiden *Komponentengleichungen* in einem *ebenen* kartesischen Koordinatensystem (x,y) mit den Vektoren F_K (K_x, K_y), F_p (F_x, F_y), F_S (S_x, S_y) und w (w_x, w_y) lauten:

$$\iint_A \rho \, w_x \, dQ = K_x + F_x + S_x$$

$$\iint_A \rho \, w_y \, dQ = K_y + F_y + S_y \, . \tag{211}$$

Der Impulssatz wird vorwiegend dazu benutzt, die von einem Fluid auf einen umströmten Körper wirkende Kraft $(-F_S)$ zu bestimmen.

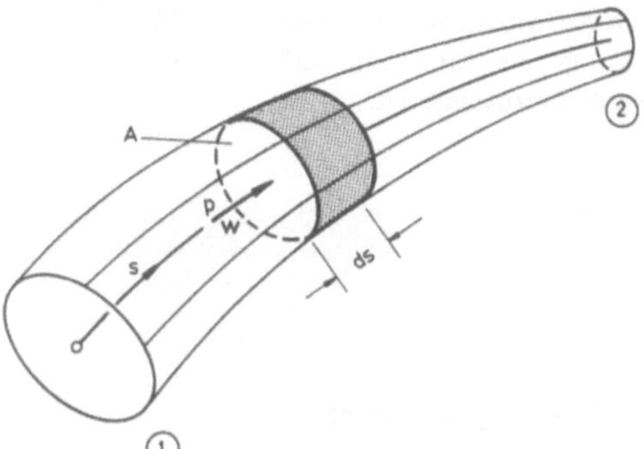

Abb. 51:
Stromröhre mit Stromröhrenelement
der Länge ds

Für eine Stromröhre reduziert sich der Impulssatz bei reibungsloser Strömung wie folgt: Von der Stromröhre wird nach Abb. 51 ein kurzes Stück der Länge ds betrachtet. Der Einfachheit halber sei angenommen, daß sich der Querschnitt auf dem kurzen Stück nicht ändert. Die entstehenden Ergebnisse gelten jedoch auch für Querschnittsänderungen. Der Impulssatz in Strömungsrichtung, angewendet auf das Stromröhrenstück, liefert

$$\rho w(-wA) + (\rho + d\rho)(w + dw)^2 A = p\,A - (p + dp)\,A\,.$$

Division durch A und Vernachlässigen der Glieder mit $d\rho \cdot dw$ und $(dw)^2$ ergeben

$$w^2\,d\rho + 2\rho\,w\,dw + dp = 0\,. \tag{212}$$

Aus der Bedingung A = konst. folgt

$$(\rho + d\rho)(w + dw) = \rho\,w$$

oder

$$w\,d\rho = -\rho\,dw\,.$$

Damit liefert Gl. (212)

$$\rho\,w\,dw + dp = 0\,. \tag{213}$$

Dafür kann man auch schreiben:

$$d\left(\frac{w^2}{2}\right) + d\left(\frac{p}{\rho}\right) - p\,d\left(\frac{1}{\rho}\right) = 0\,.$$

Integration entlang der Stromröhre von Punkt 1 nach Punkt 2 bringt die bereits in Kap. 9.1 benutzte Gleichung, Gl. (179):

$$\frac{1}{2}\,w_2{}^2 + \frac{p_2}{\rho_2} = \frac{1}{2}\,w_1{}^2 + \frac{p_1}{\rho_1} + \int\limits_1^2 p\,d\left(\frac{1}{\rho}\right)\,.$$

Beispiel 27: Kraft auf rechtwinkligen Krümmer

Für die inkompressible Strömung in einem rechtwinkligen Krümmer sind die Größen A_1, w_1, p_1 im Eintrittsquerschnitt und A_2, w_2, p_2 im Austrittsquerschnitt gegeben (Abb. 52). Wie groß ist die Kraft **R** nach Größe und Richtung, die vom Fluid auf die Innenwand des Krümmers ausgeübt wird? (Volumenkräfte werden vernachlässigt.)

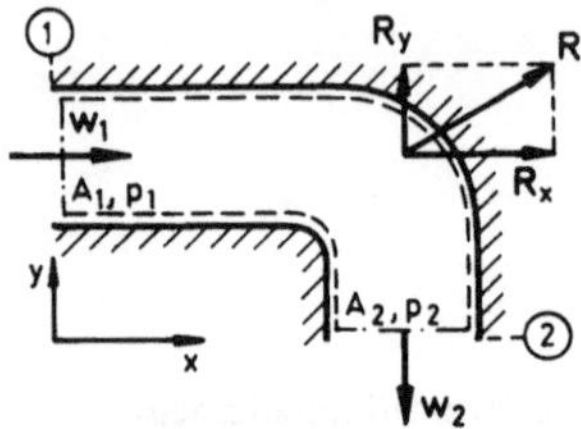

Abb. 52:
Kraft auf rechtwinkligen Krümmer

Lösung:

Ermittlung der Komponenten R_x und R_y im gewählten x-y-System nach Gl. (211).

Impulssatz in x-Richtung:

$$\rho\, w_1\, (-w_1\, A_1) = p_1\, A_1 - R_x$$

$$R_x = (p_1 + \rho\, w_1{}^2)\, A_1 \,.$$

Impulssatz in y-Richtung:

$$-\rho\, w_2\, (w_2\, A_2) = p_2\, A_2 - R_y$$

$$R_y = (p_2 + \rho\, w_2{}^2)\, A_2 \,.$$

Das negative Vorzeichen auf den linken Seiten hat unterschiedliche Begründung. Bei der x-Richtung handelt es sich um negativen Volumenstrom (einfließend), bei der y-Richtung ist w_y am Austritt negativ.

Die hier berechnete Kraft **R** ist nicht die Gesamtkraft auf den Krümmer. Es fehlt noch der Anteil von der Krümmeraußenwand.

Durch andere Wahl der Kontrollfläche kann mit dem Impulssatz auch die Gesamtkraft auf den Krümmer ermittelt werden. Dann geht auch der Umgebungsdruck in das Ergebnis ein.

Beispiel 28: Kraft eines Freistrahles auf eine ebene Wand

Ein Freistrahl, also ein Strahl ohne feste Führung durch eine Wand, trifft nach Abb. 53 senkrecht auf eine Wand und wird dabei symmetrisch nach allen Seiten um 90° abgelenkt. Der Massenstrom des Freistrahles ist $\dot{m}$, die Geschwindigkeit w. Die Strömung sei inkompressibel. Welche Kraft **R** übt der Strahl auf die Platte aus?

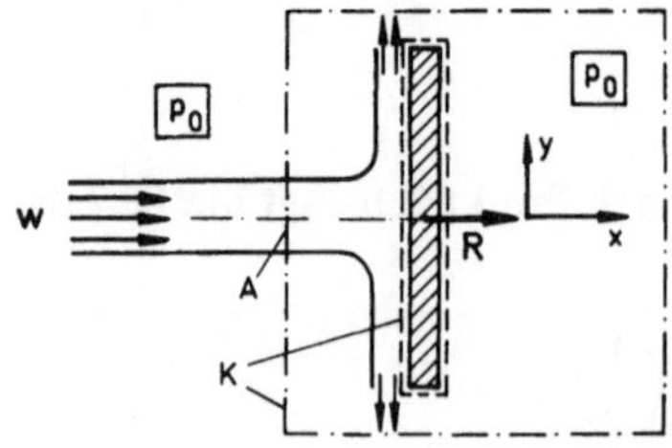

Abb. 53:
Kraft eines Freistrahls auf eine ebene Wand

Lösung:

Es wird die in Abb. 53 eingezeichnete Kontrollfläche gewählt und der Impulssatz in Strahlrichtung (x-Richtung) angesetzt:

$$\rho \, w(-wA) = -R_x = -R$$

$$R = \rho \, w^2 \, A = \dot{m} \, w$$

Dabei wurde die Gleichung

$$\dot{m} = \rho \, w \, A$$

benutzt.

Beispiel 29: Schaufelkraft im ebenen Schaufelgitter

Unter einem ebenen Schaufelgitter versteht man eine unendliche Reihe äquidistant angeordneter Profile (Abb. 54). Für ein Schaufelgitter mit der Teilung t (Abstand der Profile) und der Breite b sind Geschwindigkeit und Druck vor und hinter dem Gitter gegeben. Wie groß ist die Kraft auf ein Profil bei inkompressibler, reibungsloser Strömung?

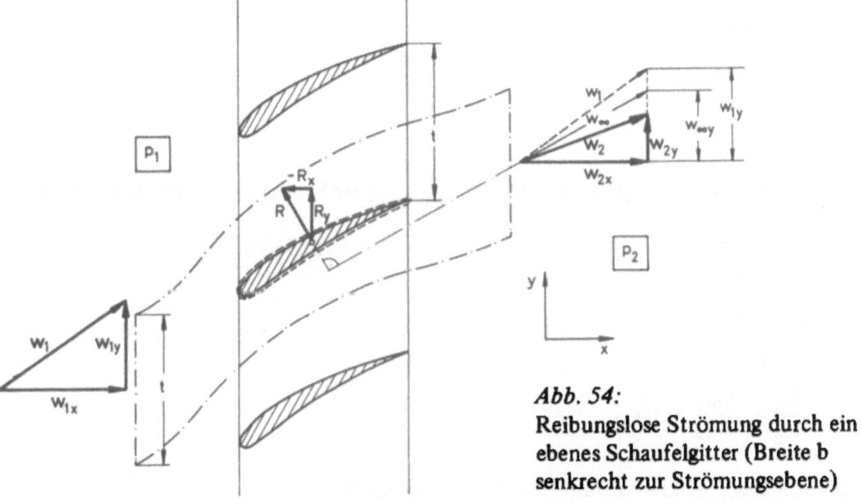

Abb. 54:
Reibungslose Strömung durch ein ebenes Schaufelgitter (Breite b senkrecht zur Strömungsebene)

Lösung:

Es wird nach Abb. 54 eine Kontrollfläche um ein aus dem Gitter gewähltes Profil gelegt und der Impulssatz für die Richtungen parallel und senkrecht zur *Gitterfront* angesetzt. Außerdem können Kontinuitätsgleichung und Energiesatz hinzugezogen werden.

Impulssatz in x-Richtung:

$$\rho \, w_{1x}(-w_{1x} \, t \, b) + \rho \, w_{2x} \, (w_{2x} \, t \, b) = (p_1 - p_2) \, t \, b - R_x \,.$$

Impulssatz in y-Richtung:

$$\rho \, w_{1y}(-w_{1x} \, t \, b) + \rho \, w_{2y}(w_{2x} \, t \, b) = -R_y \,.$$

Kontinuitätsgleichung, Gl. (90):

$$w_{1x}\, t\, b = w_{2x}\, t\, b$$

oder

$$w_{1x} = w_{2x}\ .$$

Energiesatz, Gl. (122):

$$p_1 + \frac{\rho}{2}\,(w_{1x}^2 + w_{1y}^2) = p_2 + \frac{\rho}{2}\,(w_{2x}^2 + w_{2y}^2)$$

oder wegen $w_{1x} = w_{2x}$

$$p_1 - p_2 = \frac{\rho}{2}\,(w_{2y}^2 - w_{1y}^2) = \rho\,(w_{2y} - w_{1y})\,\frac{w_{1y} + w_{2y}}{2}\ .$$

Im Beispiel von Abb. 54 nimmt der Druck beim Durchströmen des Gitters zu, es handelt sich um ein *Pumpengitter*. Zur Abkürzung wird

$$\Gamma = (w_{1y} - w_{2y})\,t \tag{214}$$

gesetzt. Führt man die Geschwindigkeit w_∞ ($w_{\infty x}$, $w_{\infty y}$) als vektorielles Mittel von Zu- und Abströmgeschwindigkeit ein mit

$$w_{\infty x} = w_{1x} = w_{2x}$$

$$w_{\infty y} = \frac{w_{1y} + w_{2y}}{2}\ ,$$

dann ergeben sich aus den angegebenen Beziehungen für die Komponenten der resultierenden Kraft **R**

$$R_x = -\rho\, b\, w_{\infty y}\, \Gamma \tag{215}$$

$$R_y = \rho\, b\, w_{\infty x}\, \Gamma\ . \tag{216}$$

Aus dem Verhältnis

$$-\frac{R_x}{R_y} = \frac{w_{\infty y}}{w_{\infty x}} = \tan\alpha$$

folgt, daß **R** auf w_∞ senkrecht steht. Für den Betrag von **R** gilt

$$R = \sqrt{R_x^2 + R_y^2} = \rho\, b\, w_\infty\, \Gamma\ . \tag{217}$$

Statt R wird das Symbol A (Auftrieb) verwendet.

Satz 20: In einer ebenen, inkompressiblen und reibungslosen Schaufelgitterströmung steht die Schaufelkraft senkrecht auf der mittleren Geschwindigkeit w_∞, die das vektorielle Mittel aus Zu- und Abströmgeschwindigkeit ist. Für den Betrag der Schaufelkraft gilt

$$A = \rho\, b\, w_\infty\, \Gamma\ . \tag{218}$$

Beispiel 30: Verdichtungsstoß

Bei der Behandlung der *Laval*-Düse in Kap. 9.4 wurde erwähnt, daß es bei Überschallströmungen in Stromröhren zu unstetigen Erhöhungen des Druckes, sogenannten *Verdichtungsstößen*, kommen kann. Welche Aussagen über die Veränderungen der Strömungsgrößen beim Verdichtungsstoß erhält man aus dem Impulssatz?

Lösung:

Die Vorgänge im Verdichtungsstoß verlaufen nicht mehr isentrop, sie sind mit Dissipation verbunden. Da also die Isentropengleichung wegfällt, muß zur Beschreibung der Strömung im Verdichtungsstoß eine andere Beziehung hinzukommen. Das ist der Impulssatz.
Entsprechend Abb. 55 wird ein kurzes Stück einer Stromröhre betrachtet, in dem ein Verdichtungsstoß auftritt. Da der Verdichtungsstoß unendlich dünn ist, kann der Stromröhrenquerschnitt als konstant angesehen und die Kontrollfläche ganz dicht an die Unstetigkeitsstelle gelegt werden. Dadurch können Reibungskräfte an der Stromröhrenwand vernachlässigt werden, und der Impulssatz in Strömungsrichtung liefert:

$$p_2 + \rho_2\, w_2{}^2 = p_1 + \rho_1\, w_1{}^2 \ . \tag{219}$$

Dazu kommen der Energiesatz, Gl. (177),

$$\frac{1}{2}\, w_2{}^2 + h_2 = \frac{1}{2}\, w_1{}^2 + h_1 \tag{220}$$

und die Kontinuitätsgleichung, (Gl. 91),

$$\rho_2\, w_2 = \rho_1\, w_1 \ . \tag{221}$$

Gln. (219) bis (221) sind die *Grundgleichungen für den Verdichtungsstoß*.

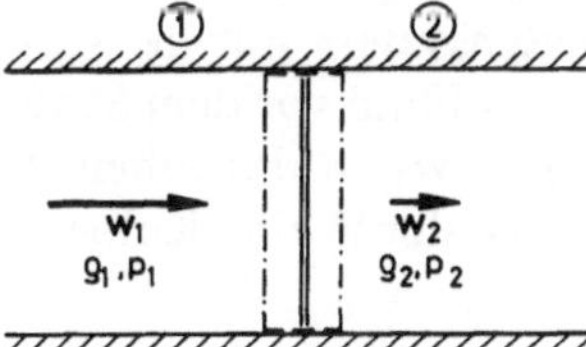

Abb. 55:
Verdichtungsstoß

Bei perfektem Gas kann wegen der Gln. (182), (184) und (185) für die spezifische Enthalpie geschrieben werden

$$h = \frac{\kappa}{\kappa - 1}\, \frac{p}{\rho} \ . \tag{222}$$

Wird das in Gl. (220) verwendet, stellen die Gln. (219) bis (221) drei Gleichungen für die drei Unbekannten p_2, ρ_2 und w_2 dar. Für das Druckverhältnis ergibt sich

$$\frac{p_2}{p_1} = 1 + \frac{2\kappa}{\kappa + 1}\, (\mathrm{Ma}_1^2 - 1).$$

Als Ergebnis kann festgehalten werden: Im Verdichtungsstoß nehmen Druck und Dichte zu, die Geschwindigkeit nimmt ab.

Der Grenzfall sehr kleiner Druckerhöhung sei noch erwähnt. Wenn man für die Werte hinter der Druckerhöhung ansetzt

$$p_2 = p_1 + dp, \quad \rho_2 = \rho_1 + d\rho, \quad w_2 = w_1 - dw ,$$

dann folgt aus Gl. (219) bei Vernachlässigung der sehr kleinen Glieder $d\rho\, dw$ und $(dw)^2$

$$dp = 2\rho_1 w_1 dw - w_1^2 \, d\rho.$$

Andererseits ergibt Gl. (221) $\rho_1 \, dw = w_1 \, d\rho$.

Damit erhält man den Zusammenhang zwischen Druckerhöhung und Dichteerhöhung bei gegebener Anströmgeschwindigkeit w_1

$$dp = w_1^2 \, d\rho . \qquad (223)$$

Aus Gl. (220) erhält man durch Kombination mit den Ergebnissen aus dem Impulssatz

$$\frac{dp}{p} = \kappa \, \frac{d\rho}{\rho} .$$

Das ist mit der Isentropenbeziehung, Gl. (189), gleichwertig.

Satz 21: Schwache Druckstörungen in Strömungen verlaufen isentrop.

Bei der Berechnung der Schallgeschwindigkeit als Fortpflanzungsgeschwindigkeit kleiner Druckstörungen, Gl. (181), wird isentrope Zustandsänderung zugrunde gelegt (Index s).
Durch ein bewegtes Koordinatensystem wird der Verdichtungsstoß zur Stoßwelle. Bewegt sich nämlich nach Abb. 56 das Koordinatensystem mit der Geschwindigkeit w_1 mit, dann erscheint in diesem System das Fluid vor dem Stoß in Ruhe und die Stoßwelle läuft mit der Geschwindigkeit w_1 in das ruhende Fluid. Entsprechend Abb. 56 kann eine derartige Stoßwelle durch eine Kolbenbewegung hervorgerufen werden.

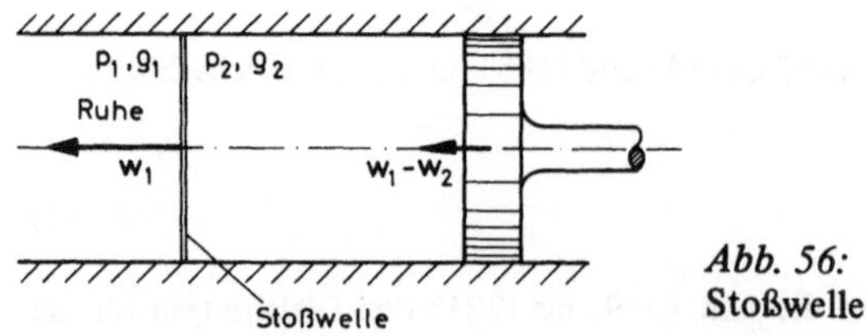

Abb. 56:
Stoßwelle

Handelt es sich nur um eine schwache Druckwelle, dann spricht man nicht mehr von einer Stoßwelle, sondern von einer *Schallwelle*. Sie bewegt sich mit Schallgeschwindigkeit $a = w_1$, die mit Gl. (223) berechnet werden kann. Diese Beziehung war bereits in der Definition 29, Gl. (181), erwähnt worden.

Die Vorgänge am Verdichtungsstoß haben ihre Parallele im Wechselsprung bei offenen Gerinneströmungen (vgl. Kap. 8.5). Wie bereits erwähnt, besteht eine weitgehende Analogie zwischen der kompressiblen Rohrströmung und der offenen Gerinneströmung. In Tabelle 5 sind die analogen Begriffe gegenübergestellt.

Tabelle 5: Analogie zwischen kompressibler Rohrströmung und offener Gerinneströmung

Kompressible Rohrströmung	Offene Gerinneströmung
Unterschallströmung	Strömen
Überschallströmung	Schießen
Verdichtungsstoß	Wechselsprung
Schallwellen	Wasserwellen
Schallgeschwindigkeit	Wellengeschwindigkeit
Mach-Zahl	*Froude*-Zahl

11. Impulsmomentensatz (Drallsatz)

Bisher wurde benutzt, daß die Fluidteilchen in einer Strömung Träger von Masse, Energie und Impuls sind. Mit dem Impuls besitzen sie auch ein *Impulsmoment* (Drall oder Drehimpuls) in bezug auf ein vorgegebenes Zentrum (z.B. Ursprung des Koordinatensystems). Nach dem *Drallsatz* ist die zeitliche Änderung des Impulsmoments gleich der Summe aller am Körper wirkenden Momente.

Es wird wieder ein Kontrollraum nach Abb. 25 gewählt. Analog zur zeitlichen Änderung des Impulses im Kontrollraum nach Gl. (205) kann eine Gleichung für die zeitliche Änderung des Impulsmoments aufgestellt werden. Bezeichnet r den Ortsvektor eines Fluidteilchens vom Ursprung, dann muß in Gl. (205) statt ρw jetzt $\rho\, r \times w$ gesetzt werden. Damit lautet der *Impulsmomentensatz für Fluide*:

$$\iint_K \rho\,(r \times w)\,dQ = M_K + M_P + M_S \,. \tag{224}$$

Einfließende Volumenströme sind dabei *negativ* anzusetzen. Analog zu den

Kräften im Impulssatz, Gl. (207), haben die Momente auf der rechten Seite folgende Bedeutung:

$$M_K = \iiint_V (r \times k)\, dV \tag{225}$$

ist das *Moment der Volumenkraft*. Beim Schwerefeld mit $k = \rho\, g$ gilt

$$M_K = r_s \times F_K \tag{226}$$

wobei $r_s = \iiint_V r\, \rho\, dV / \iiint_V \rho\, dV$

der Ortsvektor des Massenschwerpunktes des Kontrollraumes ist.

$$M_P = -\iint_A p\, (r \times dA) \tag{227}$$

ist das *Moment der Druckkraft* auf den freien Teil A der Kontrollfläche K (vgl. Abb. 50). Schubkräfte sind unberücksichtigt geblieben.

$$M_S = \iint_0 (r \times s)\, d0 \tag{228}$$

ist das *Moment der Stützkraft* vom festen Teil 0 der Kontrollfläche K (vgl. Abb. 50).

Der Impulsmomentensatz ist eine Vektorgleichung und steht für drei Komponentengleichungen.

Beispiel 31: Laufrad mit Radialgitter

Abb. 57 zeigt das Laufrad einer Kreiselpumpe. Die Strömung durch das Radialgitter sei eben und reibungslos. Wie groß ist die vom Laufrad auf das Fluid übertragene Leistung?

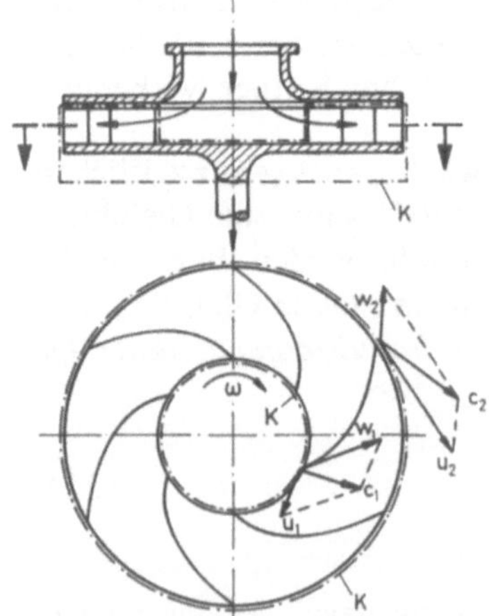

Abb. 57:
Laufrad einer Kreiselpumpe mit Radialgitter

Lösung:

Es wird um das Radialgitter eine Kontrollfläche entsprechend Abb. 57 gelegt und der Impulsmomentensatz angewendet, und zwar auf die *Absolutströmung*. Die *Absolutgeschwindigkeit* **c** setzt sich zusammen aus der *Relativgeschwindigkeit* **w** und der *Umfangsgeschwindigkeit* **u**, die dem Radius proportional ist.

Bezeichnet man die Umfangskomponente der Absolutgeschwindigkeit mit c_u, dann gilt

$$|\mathbf{r} \times \mathbf{c}| = r\, c_u \ .$$

Damit liefert der Impulsmomentensatz für die axiale Richtung

$$\rho_1\, r_1\, c_{1u}\, (-Q_1) + \rho_2\, r_2\, c_{2u}\, Q_2 = M_S$$

oder

$$M_S = \dot{m}\,(r_2\, c_{2u} - r_1\, c_{1u}) \ . \tag{229}$$

Diese Gleichung für das auf das Fluid übertragene Moment heißt *E u l e r sche Hauptgleichung der Turbomaschinen.*

Nach Multiplikation mit der Winkelgeschwindigkeit ω erhält man die Leistung

$$P_M = M_S\, \omega = \dot{m}\, \omega\, (r_2\, c_{2u} - r_1\, c_{1u})$$

$$= \dot{m}\, (u_2\, c_{2u} - u_1\, c_{1u})$$

oder die spezifische Stutzenarbeit

$$Y = \frac{P_M}{\dot{m}} = u_2\, c_{2u} - u_1\, c_{1u} \ . \tag{230}$$

12. Grundlegende Strömungserscheinungen

12.1 Turbulenz

Die bisher aufgestellten Integralsätze für die Erhaltung von Masse, Energie, Impuls und Impulsmoment liefern nur *globale* Aussagen über das gesamte Fluid im gewählten Kontrollraum. Einzelheiten der Strömung im Innern des Kontrollraumes bleiben unberücksichtigt.

Der restliche Teil des Buches ist den *lokalen* Aussagen über Strömungen gewidmet. Die Einzelheiten der Strömung in der unmittelbaren Umgebung eines beliebig gewählten Punktes sollen genauer betrachtet werden. Dabei werden sich die Erhaltungssätze für Masse, Energie und Impuls in Form von partiellen Differentialgleichungen ergeben.

Bevor im nächsten Kapitel mit der Herleitung und der Diskussion der Lösungen dieser *Bewegungsgleichungen* begonnen wird, sollen zunächst einige grundlegende Strömungserscheinungen beschrieben werden. Dabei wird im folgenden stets *inkompressible* Strömung vorausgesetzt.

Die Erfahrung lehrt, daß Strömungen in zwei unterschiedlichen Strömungsformen auftreten. Diese Erkenntnis geht auf den englischen Physiker *Reynolds* zurück. In seinem berühmten *Farbfadenversuch* (1883) hat er in einer Rohrströmung die beiden unterschiedlichen Strömungsformen nachgewiesen und sichtbar gemacht. In eine Wasserströmung wird durch ein feines Röhrchen farbige Flüssigkeit zugeführt. Es bildet sich ein dünner Farbfaden, der bei durchsichtiger Rohrwand in seiner Entwicklung beobachtet werden kann und Hinweise auf das Verhalten der Strömung gibt. Bei kleinen Strömungsgeschwindigkeiten bildet sich ein etwa gradliniger Farbfaden aus, der parallel zur Rohrachse mit der Strömung mitschwimmt (Abb. 58a, links). Es handelt sich um eine *Schichtenströmung*, bei welcher also Schichten unterschiedlicher Geschwindigkeit nebeneinander strömen ohne starken Austausch von Fluidteilchen quer zur Strömungsrichtung. Man spricht von *laminarer* Strömung. Überschreitet die Geschwindigkeit in der Rohrströmung einen bestimmten kritischen Wert, dann ändert sich das Strömungsbild drastisch. Nach Abb. 58a, rechts, führt der Farbfaden starke unregelmäßige Querbewegungen aus, die sehr schnell zu einem vollständigen Zerflattern des Farbfadens führen. In diesem Fall spricht man von *turbulenter* Strömung. Offensichtlich ist die turbulente Strömung durch eine starke, unregelmäßige, d.h. zufallsbedingte, *Schwankungsbewegung* charakterisiert, die der geordneten Grundströmung überlagert ist und für die beobachtete intensive Vermischung quer zur Strömungsrichtung im Rohr sorgt. In einem Punkt P im Strömungsfeld würde ein trägheitslos arbeitendes Meßinstrument die in Abb. 58b dargestellten, für laminare und turbulente Strömung unterschiedlichen Geschwindigkeitsschriebe liefern. Im Gegensatz zur bisherigen Bezeichnungsweise wird hier und im folgenden die Geschwindigkeitskomponente in x-Richtung mit u, die dazu senkrechte Komponente mit v bezeichnet.

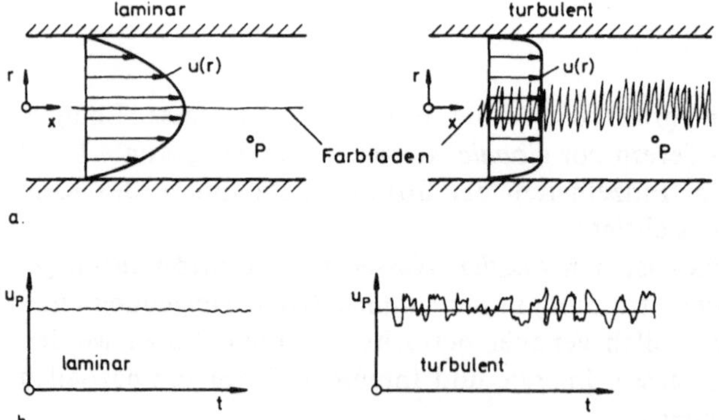

Abb. 58:
Vergleich zwischen laminarer (links) und turbulenter (rechts) Rohrströmung
a) Geschwindigkeitsprofil und Farbfaden
b) Geschwindigkeitsschriebe im Punkt P

Satz 22: Es gibt zwei verschiedene Strömungsformen: laminare Strömungen und turbulente Strömungen. Kennzeichen der turbulenten Strömungsform ist eine unregelmäßige, zufallsbedingte Schwankungsbewegung, die einer geordneten Grundströmung überlagert ist.

In Kap. 6 wurde bereits die Haftbedingung erwähnt, nach der die Geschwindigkeit an der Rohrwand verschwinden muß. Daher herrscht in einer Rohrströmung keine konstante Geschwindigkeit, wie für Stromröhren bisher angenommen wurde, sondern eine Geschwindigkeitsverteilung, wie sie in Abb. 58a skizziert ist. Die Geschwindigkeitsverteilungen für laminare und turbulente Strömungen sind sehr unterschiedlich. Infolge der turbulenten Schwankungsbewegung und der damit verbundenen Vermischung in Querrichtung ist in turbulenter Strömung die Geschwindigkeitsverteilung weitgehend ausgeglichen, d.h. bis auf eine schmale Randzone praktisch konstant. Das Geschwindigkeitsprofil ist *völliger*.

Satz 23: Die Geschwindigkeitsprofile turbulenter Strömungen sind völliger als die Geschwindigkeitsprofile vergleichbarer laminarer Strömungen.

Für viele praktische Rechnungen, insbesondere bei der Anwendung der *Stromfadentheorie*, wird das Geschwindigkeitsprofil durch eine konstante Geschwindigkeitsverteilung mit gleichem Volumenstrom ersetzt.

Definition 32:

Die *mittlere Geschwindigkeit* $\bar{u}$ in einer Stromröhre ist definiert als

$$\bar{u} = \frac{Q}{A} = \frac{1}{A} \iint_A u \, dA \,. \tag{231}$$

Dabei ist A die Fläche des Stromröhrenquerschnittes. Beim Querschnitt eines Kreises mit dem Radius R kann als Flächenelement der Kreisring $dA = 2\pi \, r \, dr$ gewählt werden. Damit folgt aus Gl. (231)

$$\bar{u} = \frac{2\pi \int_0^R u(r) \, r \, dr}{\pi R^2} = \frac{2}{R^2} \int_0^R u(r) \, r \, dr \,. \tag{232}$$

Bei turbulenten Strömungen ist die Maximalgeschwindigkeit auf der Achse höchstens 25 % größer als die mittlere Geschwindigkeit, bei laminaren liegt der Wert bei 100 %. Daher ist die Stromfadentheorie für turbulente Strömungen eine gute Näherung.

Die Entstehung der Turbulenz beruht auf einer Instabilität der Strömung. An jeder Stelle einer Strömung herrscht Gleichgewicht zwischen Trägheitskraft,

Druckkraft, Reibungskraft und Schwerkraft. Schwache Störungen der Strömung werden im laminaren Fall von der Reibungskraft gedämpft. Bei Erhöhung der Geschwindigkeit nimmt die Reibungskraft nicht so stark zu wie die übrigen Kräfte, so daß sie schließlich im Verhältnis zu klein ist, um Störungen zu dämpfen. Die Störung wird angefacht und führt schließlich zur turbulenten Strömungsform.

Streng genommen sind turbulente Strömungen instationär (vgl. Geschwindigkeitsschrieb in Abb. 58b, rechts). In der Praxis interessieren jedoch nicht die Einzelheiten der turbulenten Schwankungsbewegung, sondern nur die Bewegungen der geordneten Grundströmung, die sehr oft stationär, d.h. zeitunabhängig, ist. Die Behandlung einer turbulenten Strömung als stationäre Strömung wird *quasistationär* genannt. Einzelheiten dazu werden in Kap. 17 gebracht.

12.2. *R e y n o l d s -Zahl*

Der Wechsel von der laminaren in die turbulente Strömungsform hängt nicht allein von der mittleren Geschwindigkeit $\bar{u}$ ab. Auch der Rohrdurchmesser d sowie Dichte ρ und Viskosität η beeinflussen diesen Wechsel. Wie die Erfahrung zeigt, hängt der Vorgang nicht von den vier Größen $\bar{u}$, d, ρ und η einzeln ab, sondern nur von einer mit diesen Größen gebildeten dimensionslosen Kombination, auch *Kennzahl* genannt.

Definition 33:

Die dimensionslose Kennzahl

$$\mathrm{Re} = \frac{\rho\,\bar{u}\,d}{\eta} = \frac{\bar{u}\,d}{\nu} \tag{233}$$

heißt *R e y n o l d s -Zahl.*

Dimensionslose Kennzahlen werden aus den dimensionsbehafteten Größen mittels einer Dimensionsbetrachtung bestimmt. Dazu dient das Π-Theorem der Dimensionsanalyse, das im Anhang kurz beschrieben wird. Jede Strömung hängt letztlich nur von bestimmten dimensionslosen Kennzahlen ab, die für die betreffende Strömung charakteristisch sind.

Definition 34:

Strömungen, deren dimensionslose Kennzahlen trotz unterschiedlicher geometrischer und physikalischer Größen gleiche Zahlenwerte haben, heißen *mechanisch ähnlich.*

Im Sinne der *Ähnlichkeitsmechanik* handelt es sich bei mechanisch ähnlichen Strömungen gar nicht um unterschiedliche Strömungen. Das bietet die Grundlage für die *Modelltechnik*. Strömungen können an einem geometrisch ähnlich verkleinerten bzw. vergrößerten Modell untersucht werden, wenn die Strömungen am Modell und am Original mechanisch ähnlich sind, d.h. gleiche Werte der charakteristischen Kennzahlen aufweisen. In allen Strömungen, in denen die vier Größen Dichte, Geschwindigkeit, Länge und Viskosität eine Rolle spielen, ist die *Reynolds*-Zahl eine Kennzahl. Für die Rohrströmung ist die Kennzahl mit Gl. (233) gegeben. **Auch der Wechsel von laminarer zu turbulenter Strömungsform in der Rohrströmung erfolgt bei einer bestimmten *kritischen Reynolds-Zahl.***

Satz 24: Bei der Rohrströmung beträgt die kritische *Reynolds*-Zahl

$$Re_k = 2300 . \tag{234}$$

Für *Reynolds*-Zahlen $Re < Re_k$ ist die Strömung laminar, für $Re > Re_k$ ist sie turbulent.

Beispiel 32: Kritische Geschwindigkeit

Gegeben ist ein Rohr von $d = 20$ mm Durchmesser. Bei welcher Geschwindigkeit $\bar{u}_k$ setzt turbulente Strömung ein für Wasserströmung bzw. Luftströmung?

Lösung:

Aus den Gln. (233) und (234) folgt

$$\bar{u}_k = 2300 \, \frac{\nu}{d}$$

Wasser: $\nu = 10^{-6} \, \dfrac{m^2}{s}$ (vgl. Anhang, Tabelle 9)

$$\bar{u}_k = 0{,}12 \, \frac{m}{s} .$$

Luft: $\nu = 15 \cdot 10^{-6} \, \dfrac{m^2}{s}$ (vgl. Anhang, Tabelle 9)

$$\bar{u}_k = 1{,}7 \, \frac{m}{s} .$$

Man entnimmt diesen Zahlen, daß schon bei verhältnismäßig kleinen Geschwindigkeiten turbulente Strömung einsetzt und daß daher fast alle technischen Strömungen im turbulenten Bereich liegen.

Beispiel 33: Reynolds-Zahl im Blutkreislauf

Wie groß sind die *Reynolds*-Zahlen im Blutkreislauf des Menschen (Blut $\rho = 10^3 \, kg/m^3$, $\eta = 4 \cdot 10^{-3} \, kg/sm$) in der Kapillare ($d = 8 \, \mu m$, $\bar{u} = 5$ mm/s) bzw. in der Aorta ($d = 20$ mm, $\bar{u} = 0{,}3$ m/s)?

Lösung:

$$Re = \frac{\rho \, \bar{u} \, d}{\eta}$$

Kapillare: $$Re = \frac{(10^3 \cdot kg/m^3)\,(5 \cdot 10^{-3}\,m/s)\,8 \cdot 10^{-6}\,m}{4 \cdot 10^{-3}\,kg/sm} = 10^{-2}$$

Aorta: $$Re = \frac{(10^3 \cdot kg/m^3)\,(0{,}3\,m/s)\,0{,}02\,m}{4 \cdot 10^{-3}\,kg/sm} = 1{,}5 \cdot 10^3 \; .$$

Die Blutströmung in der Aorta liegt offensichtlich noch im unterkritischen Bereich.

12.3. Rohrströmung

Als Maß für die Dissipation in der Rohrströmung war in Kap. 8.7, Gl. (169), die Rohrreibungszahl λ eingeführt worden. Wegen der turbulenten Schwankungsbewegung und der starken Vermischung in Querrichtung ist bei turbulenter Strömung mit erhöhter Dissipation und daher mit einem schlagartigen Ansteigen der Rohrreibungszahl λ bei der kritischen *Reynolds*-Zahl zu rechnen.
Die Abhängigkeit der Rohrreibungszahl λ von der *Reynolds*-Zahl Re ist im *Rohrwiderstandsdiagramm*, Abb. 59, in doppeltlogarithmischer Auftragung dargestellt. Dabei ist auch der Einfluß der Wandrauhigkeit aufgenommen. Diese ist durch die Rauhigkeitshöhe k_s gekennzeichnet. Das ist die Höhe unendlich dicht angeordneter gleich großer Sandkörner (*Sandrauhigkeit*). In dem Diagramm können fünf Kurven bzw. Kurvenbereiche unterschieden werden. Kurve 1 entspricht der laminaren Rohrströmung für $Re < Re_k$. Sie entspricht einer strengen Lösung der Bewegungsgleichungen, vgl. Kap. 13.5, Gl. (284). Die übrigen vier Bereiche gehören zur turbulenten Rohrströmung ($Re > Re_k$). Die dafür gültigen Abhängigkeiten der Rohrreibungszahl sind auf empirischem oder halbempirischem Wege gewonnen worden. Die Kurven 2 und 3 gelten, wenn die Rauhigkeit keinen Einfluß hat, und zwar Kurve 2 bis etwa $Re = 10^5$. Oberhalb von $Re = 10^5$ gilt Kurve 3. Obwohl eine Rauhigkeit vorhanden sein kann, ist sie im Geltungsbereich der Kurven 2 und 3 so klein, daß sie den Rohrwiderstand nicht beeinflußt. Man sagt, die Wand ist *hydraulisch glatt*, vgl. Kap. 17.3.
Ist die Sandrauhigkeitshöhe k_s groß genug, um die Rohrreibung zu beeinflussen, sind wieder zwei Bereiche zu unterscheiden. Im Bereich 4 hängt λ sowohl von der *Reynolds*-Zahl Re als auch von der relativen Sandrauhigkeit k_s/d ab.

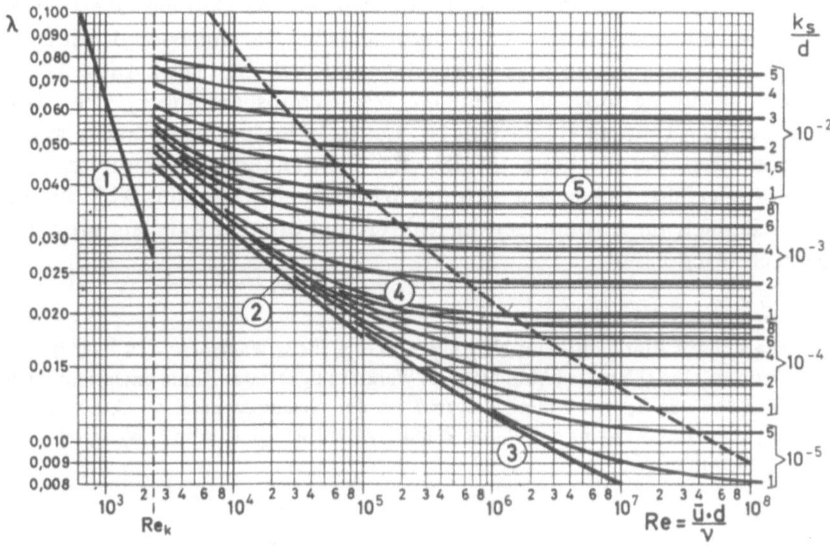

Abb. 59:
Rohrreibungszahl für die gerade Rohrströmung

1 *Hagen-Poiseuille:* $\lambda = \dfrac{64}{\text{Re}}$ laminar

2 *Blasius:* $\lambda = \dfrac{0{,}316}{\sqrt[4]{\text{Re}}}$

3 *Prandtl:* $\dfrac{1}{\sqrt{\lambda}} = 2\log(\text{Re}\sqrt{\lambda}) - 0{,}8$

$\left.\begin{array}{l}\text{turbulent}\\\text{hydraulisch}\\\text{glatt}\end{array}\right\}$

4 *Colebrook:* $\dfrac{1}{\sqrt{\lambda}} = 1{,}74 - 2\log\left(\dfrac{2k_s}{d} + \dfrac{18{,}7}{\text{Re}\sqrt{\lambda}}\right)$

5 *v. Kármán:* $\dfrac{1}{\sqrt{\lambda}} = 1{,}74 - 2\log\left(\dfrac{2k_s}{d}\right)$

$\left.\begin{array}{l}\text{turbulent mit}\\\text{Rauhigkeit}\end{array}\right\}$

Im Bereich 5 dagegen ist die Rauhigkeit bereits so groß, daß sie allein die Rohrreibung bestimmt. Der Einfluß der *Reynolds*-Zahl ist verschwunden. Bei vorgegebener Rauhigkeit ist λ eine Konstante. Es besteht ein rein quadratisches Widerstandsgesetz, wie es bei der Definition der Widerstandszahl ζ zugrunde liegt, vgl. Gl. (162).

Jeder technischen Rauhigkeit kann eine *äquivalente Sandrauhigkeit* zugeordnet werden, indem verlangt wird, daß die Rohrreibungszahlen im Bereich 5 übereinstimmen. Nach Messung des λ-Wertes für ein Rohr mit technischer Rauhigkeit kann dem Diagramm der äquivalente k_s-Wert entnommen werden.

Das Rohrwiderstandsdiagramm in Abb. 59 wurde zunächst für das Kreisrohr entwickelt. Wie in Kap. 8.7 gezeigt wurde, lassen sich die Ergebnisse auf

Strömungen mit beliebigem Querschnitt, auch auf offene Gerinne, übertragen,
wenn statt des Kreisdurchmessers der hydraulische Durchmesser d_h des betreffenden Strömungsquerschnittes eingesetzt wird, vgl. Gl. (167). Diese Über-
tragung ist dann streng möglich, wenn die Wandschubspannung τ_w über dem
gesamten benetzten Umfang U konstant ist. Bei turbulenten Strömungen ist das
wegen der starken Vermischung infolge der Schwankungsbewegung in sehr
guter Näherung erfüllt. Daher läßt sich das Widerstandsdiagramm, Abb. 59, im
turbulenten Bereich für Strömungen in Rohren und offenen Kanälen mit beliebigen Querschnitten benutzen.

Beispiel 34: Geneigte Gerinneströmung

In einer rechtwinkligen Rinne mit dem Neigungswinkel α fließt Wasser ($\nu = 10^{-6}$ m^2/s) mit
dem Volumenstrom $Q = 0{,}5$ m^3/s (Abb. 60). Die Wandrauhigkeit der Rinne entspricht einer
Sandrauhigkeitshöhe von $k_s = 0{,}5$ mm. Wie groß ist der Neigungswinkel α? Auf welchen
Wert müßte k_s reduziert werden, damit die Wand hydraulisch glatt wird? Wie groß wäre
dafür der Neigungswinkel α?

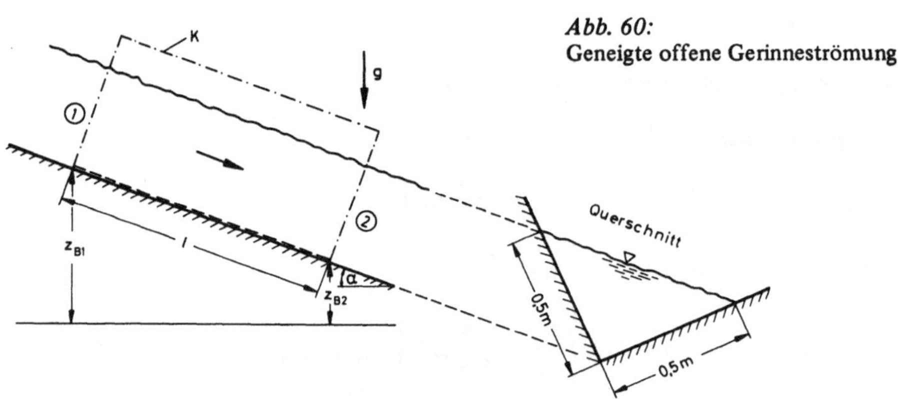

Abb. 60:
Geneigte offene Gerinneströmung

Lösung:

Hydraulischer Durchmesser nach Abb. 60 und Gl. (167):

$$d_h = \frac{4\,A}{U} = \frac{4 \cdot 0{,}125 \text{ m}^2}{1 \text{ m}} = 0{,}5 \text{ m}.$$

Mittlere Geschwindigkeit nach Gl. (231):

$$\bar{u} = \frac{Q}{A} = \frac{0{,}5 \text{ m}^3/\text{s}}{0{,}125 \text{ m}^2} = 4 \text{ m/s}.$$

Reynolds-Zahl nach Gl. (233):

$$Re = \frac{\bar{u}\,d_h}{\nu} = \frac{(4 \text{ m/s})\,0{,}5 \text{ m}}{10^{-6} \text{ m}^2/\text{s}} = 2 \cdot 10^6$$

Relative Sandrauhigkeit:

$$\frac{k_s}{d_h} = \frac{0,5 \cdot 10^{-3}\ \text{m}}{0,5\ \text{m}} = 10^{-3}\ .$$

Rohrreibungszahl aus Diagramm, Abb. 59:

$$\lambda = 0,02\ .$$

Energiesatz nach Gl. (134), erweitert um eine Verlusthöhe entsprechend Gl. (159):

$$H_2 + z_{B2} = H_1 + z_{B1} - h_V\ . \tag{235}$$

Wegen Gl. (133) gilt $H_1 = H_2$.
Die Gln. (161) und (169) ergeben

$$h_V = \frac{\varphi_{12}}{g} = \lambda\ \frac{l}{d_h}\ \frac{\bar{u}^2}{2g}\ .$$

Mit

$$\frac{z_1 - z_2}{l} = \sin \alpha \approx \alpha$$

folgt

$$\alpha = \frac{\bar{u}^2\ \lambda}{2g\ d_h} = \frac{(16\ \text{m}^2/\text{s}^2)\,0,02}{2\,(9,81\ \text{m/s}^2)\,0,5\ \text{m}} = 0,033 \tag{236}$$

$$\alpha = 1,9°\ .$$

Bei gleicher *Reynolds*-Zahl ($Re = 2 \cdot 10^6$) ist nach dem Diagramm in Abb. 59 die Rohrreibungszahl für hydraulisch glatte Oberfläche $\lambda = 0,01$, also 50 % der ursprünglichen Zahl. Wegen Gl. (236) ist dann auch der Neigungswinkel nur 50 % von 1,9°, also $\alpha \approx 1,0°$.
Zulässige Sandrauhigkeitshöhe aus dem Diagramm ungefähr:

$$\frac{k_s}{d_h} = 10^{-5}\ .$$

Danach müßte k_s um den Faktor 100 kleiner sein. Das Zahlenbeispiel deutet darauf hin, daß bei hohen *Reynolds*-Zahlen eine hydraulisch glatte Oberfläche nur selten realisierbar ist.

12.4 Reibungsschicht (Grenzschicht)

In Kap. 6 und bei der Behandlung der Rohrströmung wurde bereits auf die Haftbedingung hingewiesen. Jetzt sollen die Konsequenzen der Haftbedingung für die *Um*strömung von Körpern besprochen werden. Da die Strömungsgeschwindigkeit direkt an der Wand verschwinden muß, sind starke Änderungen der Geschwindigkeit, also große Geschwindigkeitsgradienten, in Wandnähe zu erwarten. Weil Schubkräfte oder Reibungskräfte in der Strömung nach dem *Newton*schen Reibungsgesetz, Gl. (74), proportional zu den Geschwindigkeits-

gradienten sind, treten in Wandnähe besonders große Reibungseffekte auf. Am
Beispiel einer längsangeströmten ebenen Platte ist dieser Sachverhalt in Abb. 61
erläutert.

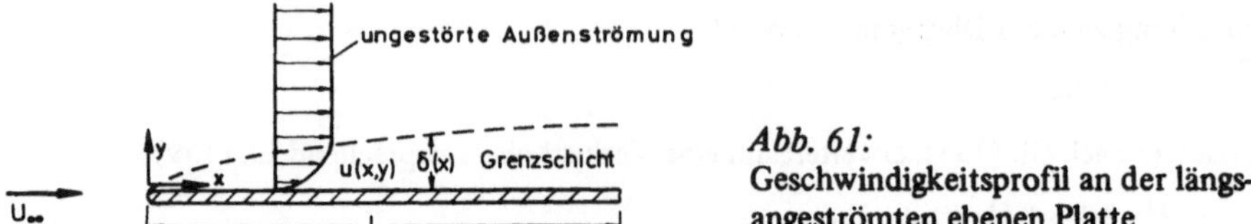

Abb. 61:
Geschwindigkeitsprofil an der längsangeströmten ebenen Platte

Die ankommende homogene Geschwindigkeitsverteilung wird nur in unmittel-
barer Umgebung der Platte gestört, während in weiterer Entfernung von der
Platte die Geschwindigkeit ungeändert bleibt. Bei kleiner Viskosität des Fluids
oder, besser gesagt, bei großen *Reynolds*-Zahlen beschränkt sich die Störung
des Geschwindigkeitsprofiles und damit das Auftreten von Reibungseffekten
nur auf eine sehr dünne Schicht unmittelbar an der Wand. Man spricht deshalb
von *Reibungsschicht* oder *Grenzschicht*. Das Konzept der Grenzschicht und die
daraus entwickelte *Grenzschichttheorie* geht auf den Göttinger Physiker
Ludwig Prandtl zurück (1904), der als der Begründer der modernen Strömungslehre gilt. Die meisten praktischen Berechnungen reibungsbehafteter Strömungen werden mit den Methoden der Grenzschichttheorie durchgeführt. Eine
elementare Einführung in diese Theorie erfolgt in den Kapiteln 16 und 17. Hier
sollen bereits einige wichtige Ergebnisse genannt werden, die zum Teil später
bewiesen werden.

Satz 25: Die wandnahe Reibungs- oder Grenzschicht kann laminar oder turbulent sein. In der turbulenten Grenzschicht sind die Geschwindigkeitsprofile völliger und die Wandschubspannungen größer als in einer
laminaren Grenzschicht gleicher Dicke.

Danach bestehen Parallelen zwischen der Grenzschicht an einem umströmten
Körper und der Strömung im Rohr, wenn man letztere als Grenzschichtströmung auffaßt, die bis zur Rohrachse reicht.

Satz 26: Je dicker die Grenzschicht ist, desto geringer ist die Wandschubspannung τ_{w}. Entsprechend ist bei dünner Grenzschicht die Wandschubspannung größer.

Dieser Satz folgt anschaulich aus der Tatsache, daß die Wandschubspannung
proportional zum Geschwindigkeitsgradienten an der Wand ist.

Satz 27: Die Grenzschicht entwickelt sich entlang der Kontur des umströmten
Körpers, und zwar nehmen im allgemeinen stromabwärts die Grenzschichtdicke zu und die Wandschubspannung τ_{w} ab.

Die Entwicklung einer laminaren Grenzschicht verläuft anders als die einer turbulenten. Darauf wird in den Kapiteln 16 und 17 näher eingegangen. Es sei die ebene Strömung an einem beliebigen zylindrischen Körper nach Abb. 62 betrachtet. Wählt man die Körperlänge l und die Anströmgeschwindigkeit U_∞ als Bezugsgrößen, dann ist die für diese Strömung charakteristische Kennzahl die *Reynolds*-Zahl (nach Gl. (233)):

$$Re = \frac{\rho\, U_\infty\, l}{\eta} = \frac{U_\infty l}{\nu}. \tag{237}$$

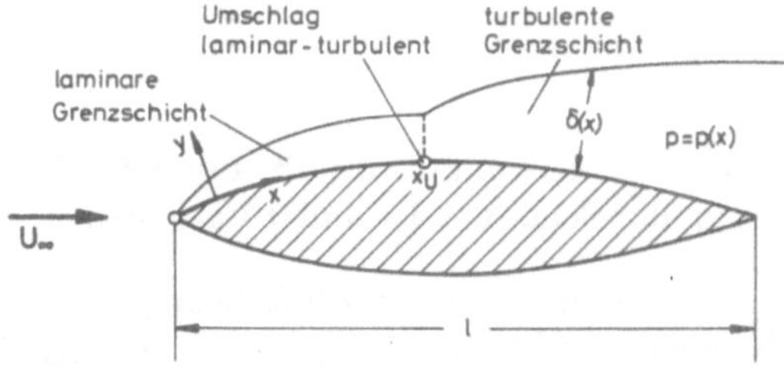

Abb. 62:
Entwicklung der Grenzschicht an
einem Profil

Satz 28: Das Grenzschichtkonzept gilt nur für große *Reynolds*-Zahlen (etwa $Re > 10^4$).

Bei Grenzschichtbetrachtungen wird stets ein rechtwinkliges Koordinatensystem gewählt, bei dem die x-Koordinate der gekrümmten Körperkontur folgt, während y senkrecht dazu verläuft und den Wandabstand darstellt. Da die Grenzschichtdicke δ sehr viel kleiner ist als der Krümmungsradius der Körperkontur, darf das Koordinatensystem so *verbogen* werden.
Die sich am Körper entwickelnde Grenzschicht ist im vorderen Teil laminar. Nach einer bestimmten Lauflänge x_U wird die Strömung in der Grenzschicht instabil, da die in der Strömung beteiligten Reibungskräfte zur Dämpfung von Störungen nicht mehr ausreichen. Es kommt zum *Umschlag laminar-turbulent*. Hinter dem *Umschlagpunkt* ist die Grenzschicht turbulent. Die Lage des Umschlagpunktes ist festgelegt durch die *kritische R e y n o l d s -Zahl*:

$$Re_k = \frac{U_\infty x_U}{\nu}, \tag{238}$$

die noch von der Körpergeometrie abhängt.

Definition 35:

Die auf den Staudruck der Anströmgeschwindigkeit bezogene Wandschubspannung heißt *Reibungsbeiwert* c_f:

$$c_f = \frac{\tau_w}{\frac{\rho}{2}\, U_\infty^2} \,. \tag{239}$$

Satz 29: Die bezogene Grenzschichtdicke δ/l und der Reibungsbeiwert c_f hängen von der bezogenen Lauflänge x/l und der *Reynolds*-Zahl ab:

$$\frac{\delta}{l} = f_1\left(\frac{x}{l}, \text{Re}\right) \tag{240}$$

$$c_f = f_2\left(\frac{x}{l}, \text{Re}\right). \tag{241}$$

Mit zunehmender *Reynolds*-Zahl nehmen beide Funktionen ab. Einfache Beispiele solcher Abhängigkeiten werden in den Kapiteln 16 und 17 gegeben.

Satz 30: Das gesamte Strömungsfeld eines bei hoher *Reynolds*-Zahl angeströmten Körpers kann in zwei Bereiche aufgeteilt werden: In die reibungslose Außenströmung und in die wandnahe Grenzschicht. Quer zur Grenzschicht ist der Druck konstant, so daß sich der Druck von der reibungslosen Außenströmung durch die Grenzschicht bis zur Wand fortsetzt. Die Druckverteilung $p = p(x)$ an der Körperkontur läßt sich also unter Vernachlässigung der Reibung ($\eta = 0$) bestimmen.

Zum Beweis, daß der Druck in der Grenzschicht nicht vom Wandabstand y abhängt, wird auf Kap. 16 verwiesen.

12.5 Widerstand

Definition 36:

Bei der Umströmung eines Körpers wirken vom Fluid auf den Körper Kräfte, die sich zu einer Resultierenden zusammenfassen lassen. Die Komponente der Resultierenden in Anströmrichtung ist der *Widerstand*, die Komponente senkrecht dazu der *Auftrieb* (auch *Querkraft*).

Für den symmetrischen zylindrischen Körper nach Abb. 63 wird für symmetrische Anströmung der Widerstand bestimmt. Der Körper hat die Breite b. Es genügt, die Oberseite der Kontur zu betrachten. Sie ist durch den Verlauf $y_K(x)$ festgelegt. Es wird ein kleines Flächenelement der Größe b ds auf der Oberseite der Kontur betrachtet. Der dort angreifende Spannungsvektor ist

$$s = -p\,n + \tau_w\,t\,.$$

Dabei sind **n** ($-\sin\alpha$, $\cos\alpha$) und **t** ($\cos\alpha$, $\sin\alpha$) die Einheitsvektoren in Normal-bzw. Tangentialrichtung der Kontur. Wenn der Spannungsvektor mit der Fläche b ds multipliziert wird, ergibt die x-Komponente der entstehenden Kraft

$$dW = p\, b\, ds\, \sin\alpha + \tau_w\, b\, ds\, \cos\alpha$$

oder

$$dW = p\, b\, dy + \tau_w\, b\, dx \,.$$

Integration über der Körperlänge l ergibt den gesamten Widerstand:

$$W = 2b \int_0^l p \frac{dy_K}{dx}\, dx + 2b \int_0^l \tau_w\, dx \,. \tag{242}$$

$$\underbrace{\phantom{W = 2b \int_0^l p \frac{dy_K}{dx}\, dx}}_{\text{Druckwiderstand}} \quad \underbrace{}_{\text{Reibungswiderstand}}$$

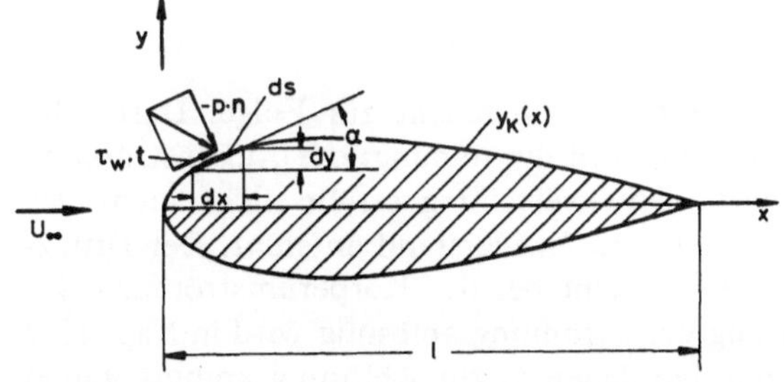

Abb. 63:
Druck- und Schubkräfte an
einem ebenen Profilkörper

Der Widerstand besteht aus zwei Anteilen. Integration der Druckkräfte ergibt den *Druckwiderstand*, Integration der Reibungskräfte den *Reibungswiderstand*

Definition 37:

Der *Widerstandsbeiwert* c_W ist definiert durch

$$c_W = \frac{W}{\frac{\rho}{2} U_\infty^2 S} = \frac{W}{q_\infty\, b\, l} \,. \tag{243}$$

Er ist eine dimensionslose Größe. Als *Bezugsfläche S* dient hier die Grundriß-fläche b l.

Definition 38:

Der *Druckbeiwert* c_p ist definiert durch

$$c_p = \frac{p - p_\infty}{\frac{\rho}{2} U_\infty^2} = \frac{p - p_\infty}{q_\infty} \,. \tag{244}$$

Führt man diese Definitionen und Definition 35, Gl. (239), in Gl. (242) ein, dann folgt wegen

$$\int\limits_0^l p_\infty \, \frac{dy_K}{dx} \, dx = p_\infty \int dy_K = p_\infty \, [y_K(l) - y_K(0)] = 0$$

$$c_W = 2 \int\limits_0^1 c_p \, \frac{dy_K}{dx} \, d\left(\frac{x}{l}\right) + 2 \int\limits_0^1 c_f \, d\left(\frac{x}{l}\right). \tag{245}$$

Der Reibungswiderstand ist entsprechend dem *Newton*schen Reibungsgesetz, Gl. (74), eine Funktion der Viskosität η des Fluids, oder genauer eine Funktion der *Reynolds*-Zahl Re.

Im Idealfall reibungsloser Strömung tritt voraussetzungsgemäß kein Reibungswiderstand auf. Aber auch der Druckwiderstand verschwindet. Man bezeichnet diese Tatsache als *d' A l e m b e r t sches Paradoxon*:

Satz 31: Vollständig umströmte Körper haben in reibungsloser Strömung keinen Widerstand.

Reibungseffekte haben die Bildung einer Grenzschicht zur Folge. Durch die *Verdrängungswirkung* der Grenzschicht wird die reibungslose Außenströmung verändert. Die dadurch abgeänderte Druckverteilung erfüllt nicht mehr das *d'Alembertsche* Paradoxon, so daß ein Druckwiderstand entsteht. Der Druckwiderstand wird dann besonders groß, wenn bei der Körperumströmung *Ablösung* auftritt. Auf die Erscheinung der Strömungsablösung wird in Kap. 12.7 näher eingegangen. In Strömungen, bei denen es zur Ablösung kommt, bildet sich an der Rückseite des Körpers ein verwirbeltes Gebiet, das die reibungslose Außenströmung von der Grenzschicht abdrängt und damit verhindert, daß der

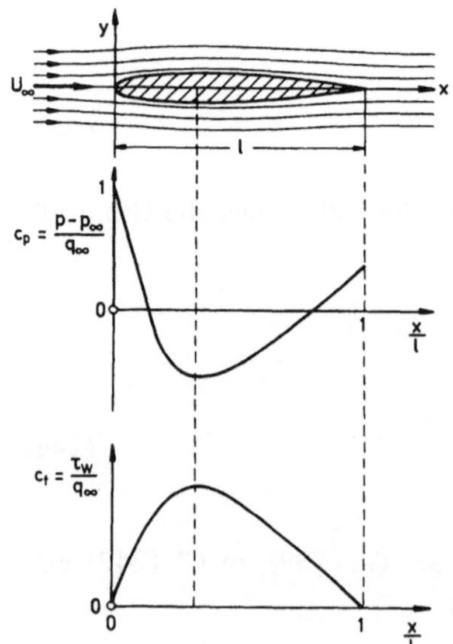

Abb. 64:
Verteilung des Druckbeiwertes c_p und des Reibungsbeiwertes c_f für ein schlankes symmetrisches Profil

Druck auf der rückwärtigen Körperoberfläche weiter ansteigt. Je weiter vorn am Körper die Ablösung auftritt, um so größer ist der Druckwiderstand.

Der Verlauf von Druck- und Reibungsbeiwert einer ablösungsfreien symmetrischen Umströmung eines Profiles ist in Abb. 64 dargestellt. Tabelle 6 gibt die Aufteilung des Widerstandes in Druck- und Reibungswiderstand verschiedener umströmter Körper an.

Tabelle 6: Widerstandsanteile umströmter Körper

Körper	Druckwiderstand	Reibungswiderstand
U_∞	0 %	100 %
U_∞	≈ 10 %	≈ 90 %
U_∞	≈ 90 %	≈ 10 %
U_∞	100 %	0 %

12.6. Widerstand der längsangeströmten ebenen Platte

Eine besonders einfache Strömung ergibt sich bei der längsangeströmten ebenen Platte (Abb. 61). Der Druck ist im gesamten Feld konstant. Es entsteht nur Reibungswiderstand. Der Widerstandsbeiwert für eine *einseitig benetzte* ebene Platte als Funktion der *Reynolds*-Zahl Re und der relativen Sandrauhigkeit k_s/l ist in Abb. 65 dargestellt. Es sind deutlich die Parallelen zwischen diesem *Plattenwiderstandsdiagramm* und dem Rohrreibungsdiagramm in Abb. 59 zu erkennen. Für die kritische *Reynolds*-Zahl nach Gl. (238) gilt

$$Re_k = \frac{U_\infty \, x_U}{\nu} = 5 \cdot 10^5 \; . \tag{246}$$

Wieder sind 5 verschiedene Kurven bzw. Kurvenbereiche zu unterscheiden. Ist die Plattenlänge l kleiner als x_U, d.h. ist $Re < Re_k$, dann ist die Grenzschicht bis zur Plattenhinterkante laminar. Auf die Formel 1 für den Widerstand wird in Kap. 16.3 eingegangen. Ist die Plattenlänge l größer als x_U, dann ist die Grenzschicht an der Platte im vorderen Teil laminar, im rückwärtigen Teil turbulent. Es gilt **Kurve 3a.** Bei etwa $Re = 2 \cdot 10^7$ ist x_U so klein gegenüber l, daß sich der vordere laminare Bereich der Grenzschicht auf den Widerstand praktisch nicht mehr auswirkt. Man spricht von *vollturbulenter* Strömung. Dafür gilt **Kurve 3.** Diese Kurve ist auch zu kleineren Werten der *Reynolds*-Zahl erweitert worden. **Kurve 3 für $Re < 2 \cdot 10^7$** gilt dann, wenn der Umschlag laminar-turbulent in der Grenzschicht durch geeignete Maßnahmen, z.B. durch Rauhigkeiten nahe der Plattenvorderkante, künstlich erzeugt wird, so daß der laminare Grenzschichtbereich wegfällt. Diese künstlich erzeugte vollturbulente Strömung wird für $Re < 10^7$ auch durch das einfachere Widerstandsgesetz 2 beschrieben. Der sehr viel größere Widerstand bei turbulenter Grenzschicht gegenüber der laminaren Grenzschicht (Kurve 1) ist deutlich zu erkennen. Kurven 2 und 3 entsprechen der hydraulisch glatten Oberfläche. Für Rauhigkeitshöhen, bei welchen die Rauhigkeit noch keinen Einfluß auf den Widerstand hat, gilt die einfache Formel:

$$\frac{U_\infty k_s}{\nu} \leqslant 100 \quad \text{(hydraulisch glatt).} \tag{247}$$

Überschreitet k_s diese zulässige Grenze, dann sind zwei Bereiche zu unterscheiden. In Bereich 4 ist der Widerstandsbeiwert von der relativen Rauhigkeitshöhe k_s/l und der *Reynolds*-Zahl Re, im Bereich 5 nur noch von k_s/l abhängig. Was über die äquivalente Sandrauhigkeit bei der Rohrströmung gesagt wurde, gilt sinngemäß auch hier.

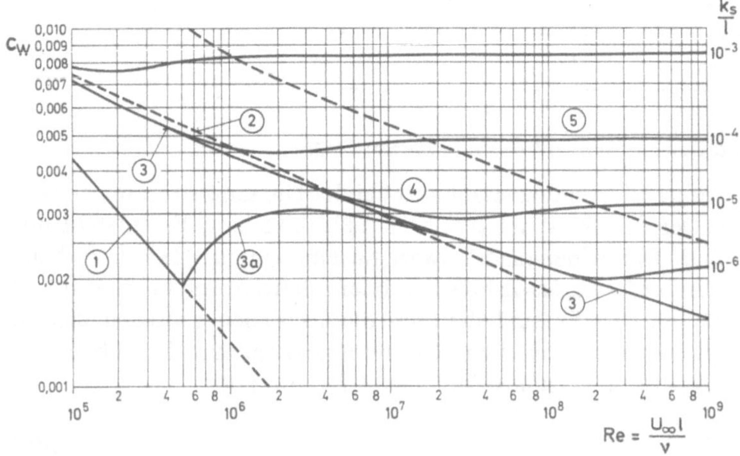

Abb. 65:
Widerstandsbeiwert der längsangeströmten ebenen Platte (einseitig benetzt)

1 *Blasius:* $\qquad c_W = \dfrac{1{,}328}{\sqrt{\text{Re}}}$ $\qquad\qquad$ laminar

2 *Prandtl:* $\qquad c_W = \dfrac{0{,}074}{\sqrt[5]{\text{Re}}}$

3 *v. Kármán,* $\quad \sqrt{\dfrac{2}{c_W}} = \dfrac{1}{\kappa} \ln\left(\text{Re}\,\dfrac{c_W}{2}\right) + 2{,}0$ $\qquad$ turbulent
$\quad$ *Schönherr:* $\qquad\qquad\qquad\qquad\qquad\qquad\qquad\qquad$ hydraulisch glatt

3a $\qquad\qquad c_W = c_{W(3)} - \dfrac{1700}{\text{Re}}$

4 $\qquad \sqrt{\dfrac{2}{c_W}} = \dfrac{1}{\kappa} \ln\left(\text{Re}\,\dfrac{c_W}{2}\right) + C(k_s^+) - 3{,}0$ $\quad$ turbulent mit Rauhigkeit

5 $\qquad \sqrt{\dfrac{2}{c_W}} = 5{,}5 + \dfrac{1}{\kappa} \ln\left(\dfrac{l}{k_s}\,\sqrt{\dfrac{c_W}{2}}\right)$ $\qquad$ $C(k_s^+)$ nach Gl. (389)

Beispiel 35: Reibungswiderstand eines Tragflügels

Das Segelflugzeug SB-10 der Akaflieg Braunschweig hat einen Tragflügel mit der Fläche S = 23 m² und der Spannweite b = 29 m. Wie groß ist bei der Höchstgeschwindigkeit von 200 km/h der Reibungswiderstand des Tragflügels, wenn dieser näherungsweise als Rechteckplatte angesehen wird? Wie groß ist die zulässige Rauhigkeitshöhe k_s? Wie weit läßt sich der Widerstand reduzieren, wenn durch Wahl eines geeigneten Profiles (*Laminarprofil*) die Grenzschicht auf dem gesamten Tragflügel laminar bleibt?
(Luft: $\nu = 15 \cdot 10^{-6}\,\text{m}^2/\text{s}$).

Lösung:

Mittlere Flügeltiefe:

$$l = \frac{S}{b} = \frac{23\ \text{m}^2}{29\ \text{m}} = 0{,}8\ \text{m}.$$

Höchstgeschwindigkeit:

$$U_\infty = 200\ \frac{\text{km}}{\text{h}} = \frac{200 \cdot 10^3\ \text{m}}{60 \cdot 60\ \text{s}} = 55{,}6\ \frac{\text{m}}{\text{s}}.$$

Reynolds-Zahl:

$$\text{Re} = \frac{U_\infty l}{\nu} = \frac{(55{,}6\ \text{m/s})\,0{,}8\ \text{m}}{15 \cdot 10^{-6}\ \text{m}^2/\text{s}} = 3 \cdot 10^6.$$

Widerstandsbeiwert nach Abb. 65 für beidseitige Benetzung:

$$c_W = 0{,}0062.$$

Zulässige Rauhigkeitshöhe nach Gl. (247):

$$k_s = \frac{100\,\nu}{U_\infty} = \frac{100 \cdot 15 \cdot 10^{-6}\ \text{m}^2/\text{s}}{55{,}6\ \text{m/s}} = 0{,}03\ \text{mm}.$$

An die Oberflächengüte sind sehr hohe Anforderungen zu stellen.
Widerstandsbeiwert für rein laminare Grenzschicht nach Abb. 65:

$$c_W = 2 \cdot 0{,}00075 = 0{,}0015.$$

Dieser Wert kann aus dem Diagramm durch Extrapolation oder mit Hilfe der angegebenen Formel ermittelt werden.
Durch Laminarhalten der Grenzschicht reduziert sich der Widerstandsbeiwert etwa auf ein Viertel seines Wertes.

12.7 Ablösung

Wenn ein Körper von einem Fluid angeströmt wird, bildet sich an seiner Vorderseite ein Staupunkt aus (vgl. Abb. 31). In diesem Punkt ist die gesamte kinetische Energie, die das frei anströmende Fluid hatte, vollständig in Druck umgesetzt worden. Verfolgt man nun den Weg eines Fluidteilchens auf einer Stromlinie nahe der Körperoberfläche (Abb. 64), so bewegt es sich vom Stau-

punkt aus zunächst in einem Gebiet abnehmenden Druckes, in dem es daher
beschleunigt wird. Hinter der dicksten Stelle des Körpers steigt der Druck
jedoch wieder an, und das Teilchen wird verzögert. Außerdem wirkt auf das
Teilchen während seines gesamten Weges in der Grenzschicht eine verzögernde
Reibungskraft. Dabei wird ein Teil der Energie des Teilchens dissipiert. Als
Folge davon reicht die während der Beschleunigungsphase gewonnene kinetische Energie nicht aus, um das Teilchen gegen den Druckanstieg entlang der
Körperoberfläche bis zum hinteren Ende des Körpers strömen zu lassen
(Abb. 66). Nachdem ein solches wandnahes Fluidteilchen seine gesamte kine-
tische Energie in Druck umgesetzt hat, fängt es unter dem Einfluß des weiteren
Druckanstieges der reibungslosen Außenströmung an, in Gegenrichtung zu
strömen. Es bildet sich ein Rückströmungsgebiet, das die Außenströmung von
der Oberfläche abdrängt. Es kommt zur *Ablösung* der Strömung von der Wand.
Im Gebiet hinter dem Ablösungspunkt A ist der Druck praktisch konstant. Da
dort keine geordnete Strömung mehr vorliegt, spricht man von *Totwassergebiet*.
Aus dieser Betrachtung läßt sich allgemein folgende Aussage ableiten:

Satz 32: Grenzschichten in Gebieten mit Druckanstieg sind ablösungsgefährdet.

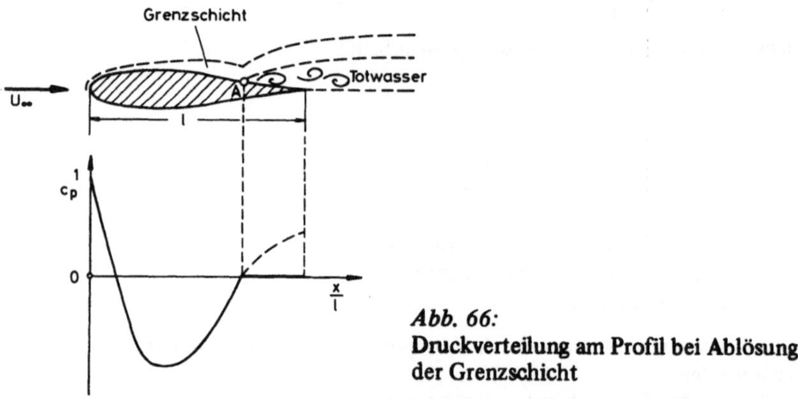

Abb. 66:
**Druckverteilung am Profil bei Ablösung
der Grenzschicht**

Aus der Art, wie die Ablösung zustande kommt, kann noch eine weitere Aussage abgeleitet werden: In turbulenten Strömungen tritt ein starker Impulsaustausch zwischen Schichten verschiedener Geschwindigkeit auf. An turbulent
umströmten Körpern erhalten deshalb die wandnahen Schichten ständig Impuls
von der äußeren reibungslosen Strömung, so daß es nicht so leicht zur Ablösung
kommt. Daraus folgt:

Satz 33: Turbulente Grenzschichten lösen später ab als laminare Grenzschichten, d.h. der Druckwiderstand ist bei turbulenten Grenzschichten
geringer als bei laminaren Grenzschichten.

Beispiel 36: Strömung im Rohrkrümmer

Es ist ein Rohrkrümmer nach Abb. 67 gegeben. In welchen Gebieten der Krümmerströmung besteht Gefahr der Strömungsablösung?

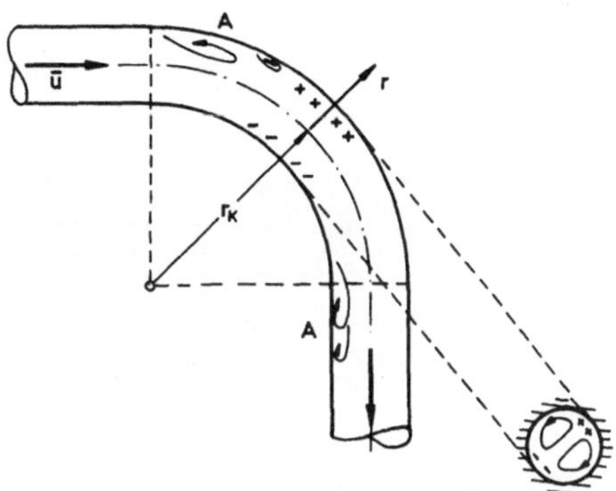

Abb. 67:
Ablösungsgebiete und Sekundär-
strömung im Rohrkrümmer
(A = Ablösungsgefahr)

Lösung:

Infolge der gekrümmten Stromlinien wirken auf die Fluidteilchen Zentrifugalkräfte. Diese stehen mit entsprechenden Druckkräften im Gleichgewicht. Wie beim Fluid in gleichförmiger Rotation (Kap. 3.6) bildet sich ein Druckfeld aus. Nach Gl. (46) gilt

$$\frac{dp}{dr} = \rho \, \frac{\bar{u}^2}{r_K} \; .$$

An der Außenwand herrscht danach höherer Druck als in der ankommenden Strömung, an der Innenwand entsprechend niedrigerer Druck. Nach Satz 32 besteht Ablösungsgefahr in Gebieten mit Druckanstieg, also an der Außenwand *vor* der Krümmermitte und an der Innenwand *hinter* der Krümmermitte. Diese Ablösungen und zusätzliche Sekundärströmungen, die sich entsprechend der Querschnittsskizze in Abb. 67 aufgrund des Druckunterschiedes zwischen Außen- und Innenbereich des Krümmers ausbilden, sind die Ursachen für erhöhte Strömungsverluste im Krümmer gegenüber dem geraden Rohr.

12.8. Kugelumströmung

Die Kugel ist im Vergleich zu einem schlanken Profil ein stumpfer Körper. Daher ist mit Strömungsablösung zu rechnen. Wie in Tabelle 6 angedeutet, ist der überwiegende Teil des Kugelwiderstandes Druckwiderstand.
Der Widerstandsbeiwert nach Gl. (243) wird bei der Kugel mit der Stirnfläche $S = \pi D^2 / 4$ gebildet:

$$c_W = \frac{W}{\frac{\rho}{2} U_\infty^2 \frac{\pi}{4} D^2} \; . \tag{248}$$

Als Bezugslänge dient der Kugeldurchmesser D. Damit lautet die *Reynolds-*Zahl:

$$Re = \frac{\rho \, U_\infty \, D}{\eta} = \frac{U_\infty D}{\nu}. \tag{249}$$

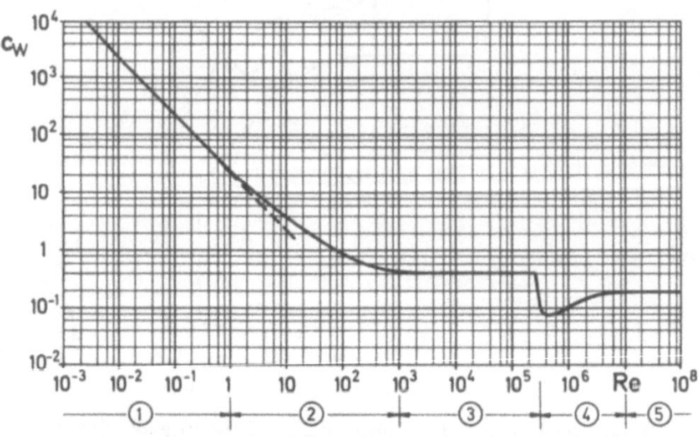

Abb. 68:
Widerstandsbeiwert der Kugel

1 $c_W = \dfrac{24}{Re}$ (*Stokes*) schleichende Strömung

3 $c_W = 0,4$ unterkritisch

4 $c_W\,(Re)$ überkritisch

5 $c_W = 0,2$ transkritisch

Die Abhängigkeit des Widerstandsbeiwertes c_W der Kugel von der *Reynolds-*Zahl Re ist in Abb. 68 wiedergegeben. Es können 5 *Reynolds*-Zahl-Bereiche unterschieden werden. Bereich 1 entspricht der *schleichenden Strömung* um die Kugel. Auf diese Strömung wird in Kap. 15 näher eingegangen. Nach einem Übergangsgebiet 2 folgt das unterkritische Gebiet 3, in dem der Widerstandsbeiwert den konstanten Wert von etwa $c_W = 0,4$ annimmt. Bei der kritischen *Reynolds*-Zahl von

$$Re_k = \frac{U_{\infty k}\, D}{\nu} = 3 \cdot 10^5 \tag{250}$$

erfolgt ein fast schlagartiger Abfall des Widerstandsbeiwertes auf $c_W = 0,08$. Im *überkritischen* Bereich 4 erfolgt wieder ein leichter Anstieg von c_W. Im *transkritischen* Bereich etwa oberhalb $Re = 10^7$ bleibt der Widerstandsbeiwert konstant bei $c_W = 0,2$.
Der drastische Abfall des Kugelwiderstandes bei der kritischen *Reynolds*-Zahl erklärt sich wie folgt. Die Strömungsfelder für unterkritische und überkritische Kugelumströmung weisen große Unterschiede auf, wie aus Abb. 69 hervorgeht.

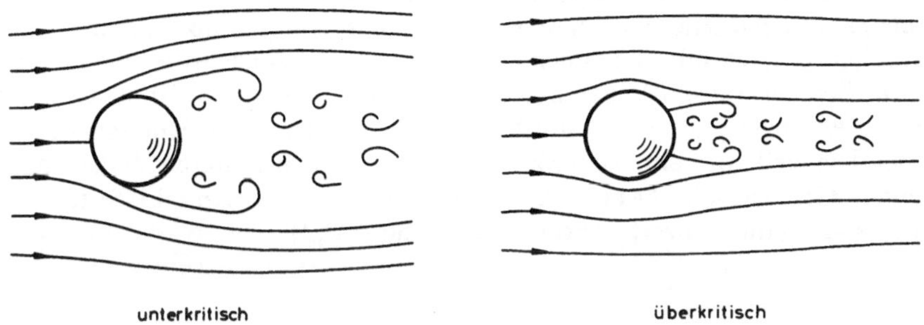

Abb. 69:
Totwassergebiet hinter der Kugel bei unterkritischer und überkritischer Strömung

In beiden Fällen kommt es zur Strömungsablösung und zur Bildung von Totwassergebieten hinter der Kugel. Bei der unterkritischen Umströmung ist wegen der kleinen *Reynolds*-Zahl die an der Kugeloberfläche sich bildende Grenzschicht laminar. Die laminare Grenzschicht kann nach Satz 33 nur geringen Druckanstieg überwinden. Es kommt frühzeitig zur Ablösung mit anschließendem breiten Totwassergebiet und hohem Druckwiderstand. Bei Überschreiten der kritischen *Reynolds*-Zahl erfolgt in der Grenzschicht vor ihrer Ablösung der Umschlag laminar – turbulent. Nach Satz 33 erfolgt bei der turbulenten Grenzschicht die Ablösung erst weiter auf der Rückseite der Kugel, wodurch sich ein schmaleres Totwassergebiet und ein entsprechend geringerer Druckwiderstand ergeben. Daß diese Erklärung für den Wechsel von unterkritischer zu überkritischer Strömung richtig ist, hat *Prandtl* durch seinen berühmten *Stolperdraht-Versuch* experimentell bestätigt. Für eine unterkritische *Reynolds*-Zahl $Re < Re_k$, für die ein Strömungsbild nach Bild 70b zu erwarten ist, hat *Prandtl* durch Anbringen eines Stolperdrahtes auf der Vorderseite der Kugel nach Abb. 70c die Grenzschicht künstlich turbulent werden lassen und damit den überkritischen Zustand erzwungen. Bild 70 zeigt außerdem die Druckverteilungen für unterkritische (Fall b) und überkritische (Fall c) Strömung, die nach Integration entsprechend Gl. (245) den Druckwiderstand liefern. Zum Vergleich ist auch die Druckverteilung bei reibungsloser Umströmung (Fall a) angegeben, für die nach dem *d'Alembert*schen Paradoxon (Satz 31) der Widerstand verschwindet. Bei unterkritischer Strömung löst die Grenzschicht schon etwas vor der dicksten Stelle der Kugel ab ($\vartheta < 90°$). Aus dem Verlauf der Druckverteilung für diesen Fall b erkennt man, daß durch das stark ausgedehnte Totwassergebiet die Druckverteilung auch auf der Vorderseite der Kugel gegenüber der Druckverteilung in reibungsloser Strömung wesentlich geändert wird. Dadurch setzt der Druckanstieg und damit die laminare Ablösung schon vor der dicksten Stelle der Kugel ein.
Der leichte Anstieg des Widerstandsbeiwertes im überkritischen Bereich hängt mit den komplizierten Vorgängen beim Umschlag laminar – turbulent und

deren Einfluß auf die nachfolgende Ablösung zusammen. Der bei kritischer *Reynolds*-Zahl schlagartig nach hinten verschobene Ablösepunkt wandert im überkritischen Bereich mit zunehmender *Reynolds*-Zahl zunächst wieder etwas nach vorn. Erst im transkritischen Bereich (Bereich 5 in Abb. 68) ist die Grenzschicht an der Kugel praktisch vollturbulent, d.h. der Umschlag laminar – turbulent setzt so weit vorn ein, daß er keinen Effekt auf den weiteren Verlauf der turbulenten Grenzschicht besitzt. Damit liegt der Ablösungspunkt fest, wodurch der Widerstandsbeiwert konstant bleibt ($c_W = 0{,}2$).

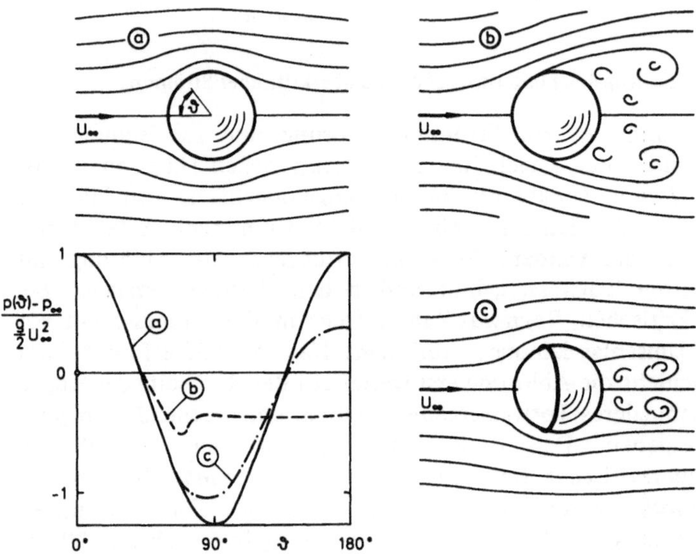

Abb. 70:
Druckverteilung an der Kugel
a Reibungslose Strömung
b Unterkritische Strömung
c Überkritische Strömung (evtl. durch „Stolperdraht" erzwungen)

Beispiel 37: Kritische Geschwindigkeit beim Volleyball

Um den Gegner zu täuschen, schlagen geschickte Volleyballspieler den Ball so, daß sich die Flugbahn des Balles im Fluge unvermittelt ändert (japanische Aufschlagtechnik). Welche Geschwindigkeit muß der Ball ($D = 21$ cm) dabei haben?

Lösung:

Eine schlagartige Änderung des Widerstandsbeiwertes und damit der Flugbahn erfolgt bei der kritischen *Reynolds*-Zahl Re_k. Nach Gl. (250) ergibt das eine kritische Geschwindigkeit von ($\nu = 15 \cdot 10^{-6}\,\text{m}^2/\text{s}$):

$$U_{\infty_k} = \frac{\nu\,Re_k}{D} = \frac{(15 \cdot 10^{-6}\ m^2/s)\,3 \cdot 10^5}{0,21\ m} = 21,4\ m/s$$

oder

$$U_{\infty_k} = 77\ km/h\ .$$

Höchstgeschwindigkeiten beim Fußball (D = 22 cm) sind etwa 90 km/h. Sie liegen also eben falls im kritischen Bereich.

13. Bewegungsgleichungen für inkompressible Strömungen

13.1 Kontinuitätsgleichung

Um lokale Aussagen über die Einzelheiten in einer Strömung zu bekommen, werden in diesem Kapitel die Erhaltungssätze für Masse und Impuls in Differentialform hergeleitet und diskutiert. Wendet man die Erhaltungssätze statt auf einen größeren Kontrollraum nur auf ein kleines Volumenelement an, dann erhält man partielle Differentialgleichungen für das Geschwindigkeits- und Druckfeld, die auch als *Bewegungsgleichungen* bezeichnet werden.
In diesem Abschnitt wird der Massenerhaltungssatz in Differentialform für inkompressible ebene Strömungen hergeleitet.
Dazu wird die Strömung nach Abb. 71 in einem kartesischen Koordinatensystem betrachtet. Im beliebigen Punkt P mit dem Ortsvektor x(x,y) herrschen die Geschwindigkeit w(u, v) und der Druck p. Zur Beschreibung der Strömung werden die drei Feldfunktionen

$$u = u\,(x, y), \qquad v = v\,(x, y), \qquad p = p\,(x, y) \tag{251}$$

benötigt, die von den beiden Ortskoordinaten x und y abhängen. Aus der Strömung wird entsprechend Abb. 71 ein prismatisches Volumenelement dV mit den Seitenlängen dx und dy und der Breite b senkrecht zur Strömungsebene herausgegriffen. Wird dieses Volumenelement als Kontrollraum betrachtet, dann erhält man für das Integral im Massenerhaltungssatz, Gl. (88):

$$\iint_K w\ dA = -u\,b\,dy - v\,b\,dx$$
$$+\left(u + \frac{\partial u}{\partial x}\,dx\right)b\,dy + \left(v + \frac{\partial v}{\partial y}\,dy\right)b\,dx$$

oder wegen

$$dV = b\,dx\,dy$$

$$\iint_K w\ dA = \left(\frac{\partial u}{\partial x} + \frac{\partial v}{\partial y}\right)b\,dx\,dy = \left(\frac{\partial u}{\partial x} + \frac{\partial v}{\partial y}\right)dV. \tag{252}$$

Da nach Gl. (88) das Integral verschwindet, muß gelten:

$$\frac{\partial u}{\partial x} + \frac{\partial v}{\partial y} = 0 \; . \tag{253}$$

Das ist die *Kontinuitätsgleichung für ebene inkompressible Strömungen*.
Nach dieser Gleichung besteht eine Kopplung zwischen den beiden Geschwindigkeitskomponenten. Wenn sich u(x,y) mit x ändert, muß sich v(x,y) entsprechend mit y ändern.

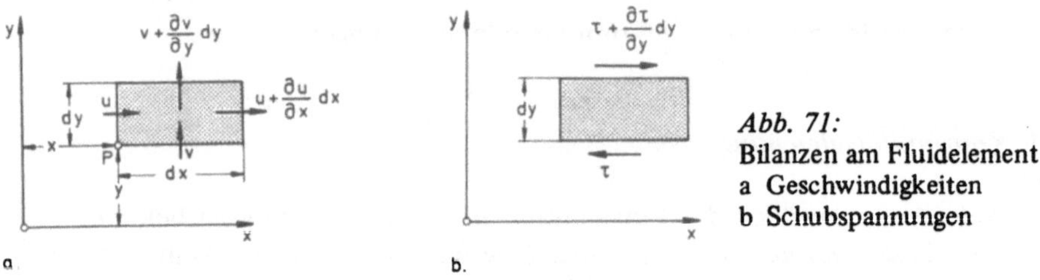

Abb. 71:
Bilanzen am Fluidelement
a Geschwindigkeiten
b Schubspannungen

13.2. Impuls-Gleichungen (N a v i e r - S t o k e s -Gleichungen)

Auf das Volumenelement in Abb. 71 werden die Komponentengleichungen des Impulssatzes, Gl. (211), angewendet. Das Impulsintegral in der Gleichung für die x-Richtung ergibt

$$\iint\limits_{K} \rho\, u\, dQ = \rho\, u\, (-u\, b\, dy) + \rho\, u\, (-v\, b\, dx)$$

$$+ \rho \left(u + \frac{\partial u}{\partial x}\, dx \right) \left(u + \frac{\partial u}{\partial x}\, dx \right) b\, dy$$

$$+ \rho \left(u + \frac{\partial u}{\partial y}\, dy \right) \left(v + \frac{\partial v}{\partial y}\, dy \right) b\, dx \; .$$

Vernachlässigt man die sehr kleinen Glieder proportional $dx^2\, dy$ bzw. $dx\, dy^2$, dann folgt

$$\iint\limits_{K} \rho\, u\, dQ = \rho \left(u\, \frac{\partial u}{\partial x} + v\, \frac{\partial u}{\partial y} \right) b\, dx\, dy$$

$$+ \rho\, u \left(\frac{\partial u}{\partial x} + \frac{\partial v}{\partial y} \right) b\, dx\, dy \; . \tag{254}$$

Das zweite Glied auf der rechten Seite verschwindet wegen der Kontinuitätsgleichung, Gl. (253). Analog dazu lautet das Impulsintegral für die y-Richtung:

$$\iint\limits_{K} \rho\, v\, dQ = \rho \left(u\, \frac{\partial v}{\partial x} + v\, \frac{\partial v}{\partial y} \right) b\, dx\, dy \; . \tag{255}$$

Für die am Volumenelement angreifenden Kräfte gilt folgendes:
Die Volumenkraft $F_K(K_x, K_y)$ wird nach Gl. (208) angesetzt:

$$K_x = k_x \, dV$$

$$K_y = k_y \, dV \; . \tag{256}$$

Dabei sind k_x und k_y die skalaren Komponenten des auf das Volumen bezogene Kraftvektors k. Zeigt z.B. die Schwerkraft in negative y-Richtung, dann gilt

$$k_x = 0, \qquad k_y = -\rho g \; .$$

Die Kraft F_P besteht in diesem Fall aus Druckkräften und Reibungskräften (Schubkräften). Sind r_x und r_y die skalaren Komponenten der auf das Volumen bezogenen resultierenden Reibungskraft, dann erhält man für die x-Komponente von F_P:

$$F_x = p \, b \, dy - \left(p + \frac{\partial p}{\partial x} \, dx \right) b \, dy + r_x \, dV$$

oder

$$F_x = \left(-\frac{\partial p}{\partial x} + r_x \right) dV \; . \tag{257}$$

Analog gilt für die y-Richtung

$$F_y = \left(-\frac{\partial p}{\partial y} + r_y \right) dV \; . \tag{258}$$

Da keine feste Wand vorhanden ist, verschwindet die Stützkraft F_S.
Für die Herleitung der Reibungskraft sei zunächst eine zur x-Achse parallele *Schichtenströmung* betrachtet. Es gilt also

$$u = u(y), \quad v = 0 \qquad \text{(Schichtenströmung)} \; . \tag{259}$$

Dann folgt nach Abb. 71b:

$$r_x \, dV = -\tau \, b \, dx + \left(\tau + \frac{\partial \tau}{\partial y} \, dy \right) b \, dx$$

oder

$$r_x = \frac{\partial \tau}{\partial y} \; . \tag{260}$$

Wird das *Newton*sche Reibungsgesetz, Gl. (74), zugrunde gelegt, folgt bei konstanter Viskosität

$$r_x = \eta \, \frac{\partial^2 u}{\partial y^2} \qquad \text{(Schichtenströmung)} \; . \tag{261}$$

Für eine allgemeine ebene inkompressible Strömung erweitert sich dieser Ausdruck, wie ohne Beweis mitgeteilt wird, zu

$$r_x = \eta \left(\frac{\partial^2 u}{\partial x^2} + \frac{\partial^2 u}{\partial y^2} \right) . \tag{262}$$

Für die y-Richtung gilt entsprechend

$$r_y = \eta \left(\frac{\partial^2 v}{\partial x^2} + \frac{\partial^2 v}{\partial y^2} \right) . \tag{263}$$

Werden die Anteile in den Gln. (254), (256), (257) und (262) in die Impulsgleichung für die x-Richtung, Gl. (211), eingesetzt und verfährt man genauso mit der Gleichung für die y-Richtung, ergeben sich jeweils nach Division durch dV die *Impulsgleichungen* oder *Bewegungsgleichungen*

$$\rho \left(u \frac{\partial u}{\partial x} + v \frac{\partial u}{\partial y} \right) = k_x - \frac{\partial p}{\partial x} + \eta \left(\frac{\partial^2 u}{\partial x^2} + \frac{\partial^2 u}{\partial y^2} \right) \tag{264}$$

$$\rho \left(u \frac{\partial v}{\partial x} + v \frac{\partial v}{\partial y} \right) = k_y - \frac{\partial p}{\partial y} + \eta \left(\frac{\partial^2 v}{\partial x^2} + \frac{\partial^2 v}{\partial y^2} \right) \tag{265}$$

Diese Gleichungen heißen *N a v i e r - S t o k e s -Gleichungen*. Sie bringen das Gleichgewicht zwischen Trägheitskräften (linke Seite), Volumenkräften, Druckkräften und Reibungskräften in der Strömung zum Ausdruck. Zusammen mit der Kontinuitätsgleichung, Gl. (253), bilden sie ein System von drei gekoppelten partiellen Differentialgleichungen für die drei Funktionen u(x,y), v(x,y) und p(x,y). Hinzu kommen noch Randbedingungen, insbesondere die Haftbedingung, die verlangt, daß die Geschwindigkeitskomponente parallel zu einer festen Wand verschwindet. Die Geschwindigkeitskomponente normal zur Wand kann von null verschieden sein, wenn die Wand durchlässig ist und Fluid abgesaugt oder ausgeblasen wird (vgl. Beispiel 48 in Kap. 16.1).

Aus Gl. (264) erhält man für eine reibungslose Strömung ($\eta = 0$) ohne Volumenkräfte ($k_x = 0$) in einer Stromröhre ($v = 0$) wieder die bereits früher hergeleitete Gl. (213).

Eine allgemeine Lösung der *Navier-Stokes*-Gleichungen gibt es bis heute nicht. Hauptgrund für die Schwierigkeiten ist der nichtlineare Charakter der Differentialgleichungen infolge der Produkte in den Trägheitsgliedern auf der linken Seite. Nur für gewisse Grenzfälle sind Lösungen bekannt. Auf diese wird in den folgenden Kapiteln eingegangen. Es handelt sich um die Potentialströmungen ($\eta = 0$), Kap. 14, die schleichenden Strömungen ($Re \rightarrow 0$), Kap. 15, und die Grenzschichtströmungen ($Re \rightarrow \infty$), Kap. 16.

Beispiel 38: Rieselfilmströmung

Für die ebene offene Gerinneströmung (auch Rieselfilmströmung genannt) ist der Neigungswinkel α, die konstante Tiefe h und die Breite b $\gg$ h gegeben (Abb. 72). Welche Geschwindigkeitsverteilung u(y) stellt sich ein, und wie groß ist die Reibungszahl λ, wenn ρ und η des Fluids gegeben sind?

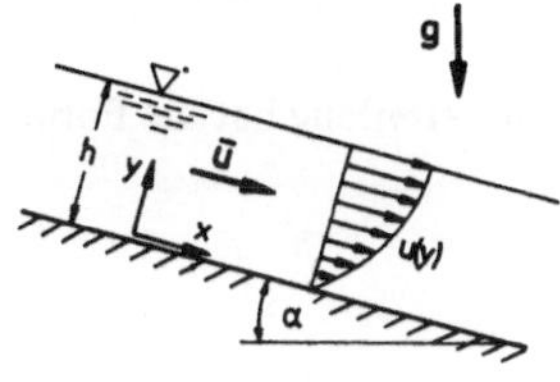

Abb. 72:
Laminare Rieselfilmströmung

Lösung:

Mit dem in Abb. 72 eingeführten Koordinatensystem gilt für den Schwerkraftvektor

$$k_x = \rho g \sin \alpha, \qquad k_y = -\rho g \cos \alpha \ .$$

Es handelt sich um eine Schichtenströmung. Alle Ableitungen nach x verschwinden. Bezüglich y können daher statt partieller Ableitungen gewöhnliche Ableitungen geschrieben werden. Damit vereinfachen sich die drei Bewegungsgleichungen, Gl. (253), (264) und (265) zu:

$$\frac{dv}{dy} = 0 \tag{266}$$

$$\rho\, v\, \frac{du}{dy} = \rho\, g \sin \alpha + \eta\, \frac{d^2 u}{dy^2} \tag{267}$$

$$\rho\, v\, \frac{dv}{dy} = -\rho g \cos \alpha - \frac{dp}{dy} + \eta\, \frac{d^2 v}{dy^2} \ . \tag{268}$$

Da v am Boden verschwinden muß, folgt aus Gl. (266) v = 0 für alle Werte y. Gl. (268) liefert

$$\frac{dp}{dy} = -\rho\, g \cos \alpha$$

oder nach Integration über y

$$p = p_0 + \rho\, g(h - y) \cos \alpha \ .$$

Gl. (267) ergibt die Differentialgleichung für u(y):

$$\frac{d^2 u}{dy^2} = -\frac{\rho\, g}{\eta}\, \sin \alpha = -B \ .$$

Integration liefert

$$\frac{du}{dy} = -B\, y + C_1 \ .$$

An der Oberfläche $y = h$ muß die Schubspannung τ und damit nach dem *Newton*schen Reibungsgesetz, Gl. (74), der Geschwindigkeitsgradient du/dy verschwinden. Daraus folgt

$$C_1 = B\,h.$$

Nochmalige Integration liefert

$$u = -B\,\frac{y^2}{2} + B\,h\,y + C_2\;.$$

Die Haftbedingung ($u(0) = 0$) verlangt $C_2 = 0$. Die Geschwindigkeitsverteilung hat die Form einer Parabel:

$$u(y) = B\,y\left(h - \frac{1}{2}\,y\right).$$

Oberflächengeschwindigkeit:

$$u(h) = \frac{1}{2}\,h^2\,B = u_{max}\;.$$

Mittlere Geschwindigkeit:

$$\bar{u} = \frac{1}{h}\int\limits_0^h u(y)\,dy = \frac{1}{3}\,h^2\,B = \frac{2}{3}\,u_{max}\;.$$

Wandschubspannung:

$$\tau_w = \eta\left(\frac{du}{dy}\right)_{y=0} = \eta\,B\,h\;.$$

Hydraulischer Durchmesser für $h/b \to 0$:

$$d_h = \frac{4\,h\,b}{2h + b}\;\to 4\,h\;.$$

Reibungszahl nach Gl. (171):

mit

$$\lambda = \frac{8\,\tau_w}{\rho\,\bar{u}^2} = \frac{96}{Re} \qquad\qquad (269)$$

$$Re = \frac{\rho\,\bar{u}\,d_h}{\eta}$$

Wie das Beispiel zeigt, kann für *laminare* Gerinneströmung *nicht* das Reibungsgesetz vom Kreisrohr übernommen werden, das $\lambda = 64/Re$ liefern würde (vgl. Kap. 12.3 und Kap. 13.5).

13.3. Drehung und Zirkulation

Neben der Bewegung der Fluidteilchen in einer Strömung entlang den Stromlinien können sich die Teilchen auch noch um ihre eigene Achse drehen.
In Abb. 73 ist das an Beispielen erläutert. Die beiden dargestellten Strömungen kreisen um ein Zentrum. Die Bewegung der Fluidteilchen läßt sich durch Einbringen von Festteilchen (z.B. Korkstücke bei freier Oberfläche) verfolgen. Bei der starren Rotation im linken Beispiel drehen sich die Teilchen um ihre Achse. Im rechten Beispiel nimmt die Umfangsgeschwindigkeit nach innen zu, und

zwar so, daß die Teilchen *keine* Drehbewegung ausführen. Der Pfeil auf dem Teilchen hat für alle Positionen des Teilchens gleiche Richtung. Diese *drehungsfreie* Strömung heißt *Potentialwirbel*-Strömung (vgl. Kap. 14.1, Beispiel 41).

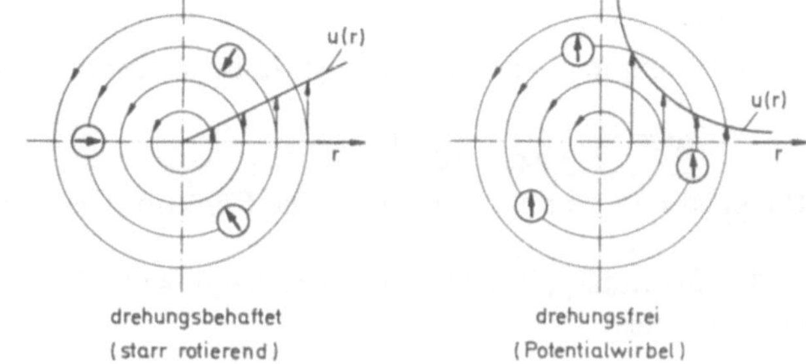

Abb. 73:
Zirkulierende Strömung
links: mit Drehung
(Starre Rotation)
rechts: ohne Drehung
(Potentialwirbel)

Zur Berechnung der *Drehung* einer Strömung wird ein rechteckiges Fluidteilchen entsprechend Abb. 74 betrachtet. Nach der Zeit dt hat sich das Teilchen in der angegebenen Weise zu einem Parallelogramm verformt. Die Unterkante hat sich dabei um den Winkel $d\gamma_1$ gegen den Uhrzeigersinn gedreht, die linke vertikale Kante um den Winkel $d\gamma_2$. Aus Abb. 74 entnimmt man:

$$d\epsilon_1 = \frac{\partial v}{\partial x}\, dx\, dt, \qquad\qquad d\epsilon_2 = -\frac{\partial u}{\partial y}\, dy\, dt ,$$

$$d\gamma_1 = \frac{d\epsilon_1}{dx} = \frac{\partial v}{\partial x}\, dt, \qquad d\gamma_2 = \frac{d\epsilon_2}{dy} = -\frac{\partial u}{\partial y}\, dt .$$

Die Winkelgeschwindigkeiten der beiden Kanten 1 und 2 sind dann:

$$\omega_1 = \frac{d\gamma_1}{dt} = \frac{\partial v}{\partial x} , \qquad\qquad \omega_2 = \frac{d\gamma_2}{dt} = -\frac{\partial u}{\partial y} .$$

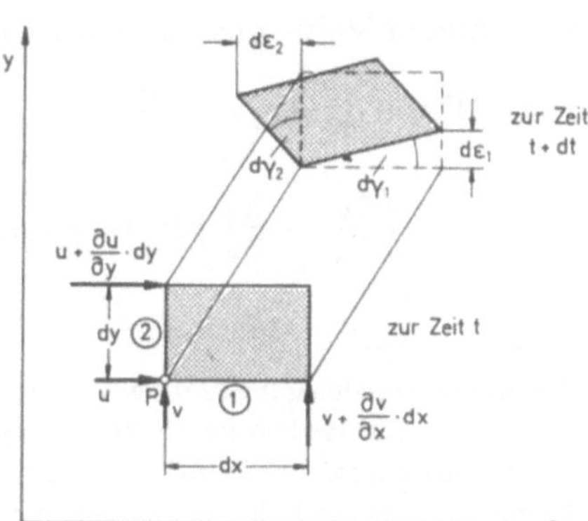

Abb. 74:
Deformation eines Fluidelementes
in der Zeit dt

Die mittlere Winkelgeschwindigkeit des Teilchens ergibt sich aus dem arithmetischen Mittel von ω_1 und ω_2

$$\omega = \frac{1}{2}\left(\omega_1 + \omega_2\right).$$

Definition 39:

Die Drehung in einer Strömung ist definiert durch die Beziehung

$$\omega = \frac{1}{2}\left(\frac{\partial v}{\partial x} - \frac{\partial u}{\partial y}\right). \tag{270}$$

Dabei ist $\omega(x,y)$ im allgemeinen eine Funktion des Ortes.*

In das Strömungsfeld wird entsprechend Abb. 75 eine beliebige geschlossene Kurve C gelegt.

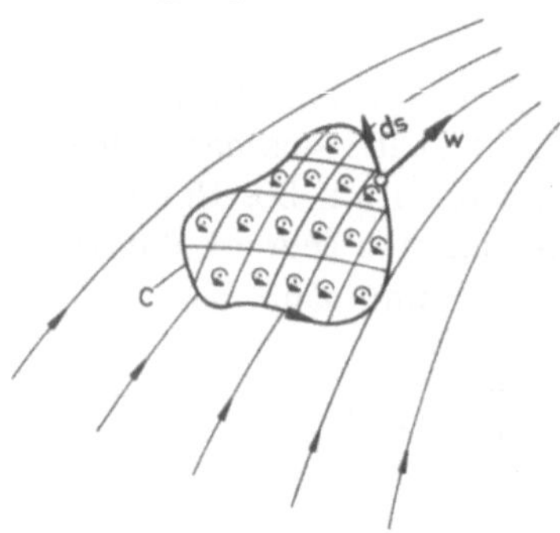

Abb. 75:
Erläuterung zum Satz von *Stokes*
C = beliebige geschlossene Kurve

Definition 40:

Unter der *Zirkulation* Γ versteht man das folgende Linienintegral über einer geschlossenen Kurve:

$$\Gamma = \oint w\, ds. \tag{271}$$

Bestimmt man die Zirkulation für die Berandung des in Abb. 71 bzw. Abb. 74 betrachteten Volumens, dann folgt bei Integration entgegen dem Uhrzeigersinn

$$\Gamma = u\, dx + \left(v + \frac{\partial v}{\partial x}\, dx\right) dy - \left(u + \frac{\partial u}{\partial y}\, dy\right) dx - v\, dy$$

$$= \left(\frac{\partial v}{\partial x} - \frac{\partial u}{\partial y}\right) dx\, dy = 2\,\omega\, dx\, dy. \tag{272}$$

---

*Die Definitionsgleichung (270) gilt allgemein für alle (auch kompressible) ebene Strömungen, obwohl für die Herleitung $\partial u/\partial x = \partial v/\partial y = 0$ vorausgesetzt wurde. Von Null verschiedene Gradienten $\partial u/\partial x$ und $\partial v/\partial y$ haben lediglich eine zusätzliche Dehnung bzw. Stauchung des Fluidelementes zur Folge. Durch diese Gradienten allein würde ein rechteckiges Fluidelement rechteckig bleiben.

Teilt man den von der Kurve C in Abb. 75 umschlossenen Bereich in viele kleine Flächenelemente, läßt sich Gl. (272) auf jedes dieser Elemente anwenden. Summiert man alle diese Gleichungen auf, fallen die Anteile der Linienintegrale im Innern heraus, da die Trennlinien zwischen den einzelnen Flächenelementen jeweils zweimal, und zwar in entgegengesetzter Richtung, durchlaufen werden. Übrig bleibt die zur Berandungskurve C gehörende Zirkulation Γ. Daraus folgt

Satz 34: Die Zirkulation ist ein Maß für die Drehung der Strömung im Bereich A, der von der Kurve C umschlossen wird. Es gilt der *Satz von Stokes* für ebene Strömungen

$$\Gamma = \oint \mathbf{w}\, ds = 2 \iint_A \omega\, dA . \qquad (273)$$

Das Flächenintegral über dem Bereich A läßt sich danach auf ein Linienintegral über die Berandungskurve zurückführen.

13.4. *E u l e r sche Bewegungsgleichungen*

Für *reibungslose* Strömungen erhält man wegen $\eta = 0$ aus dem Gleichungssystem der Gln. (253), (264) und (265) die *E u l e r schen Bewegungsgleichungen*. Sie lauten

$$\frac{\partial u}{\partial x} + \frac{\partial v}{\partial y} = 0 \qquad (274)$$

$$\rho \left(u \frac{\partial u}{\partial x} + v \frac{\partial u}{\partial y} \right) = -\frac{\partial p}{\partial x} \qquad (275)$$

$$\rho \left(u \frac{\partial v}{\partial x} + v \frac{\partial v}{\partial y} \right) = -\frac{\partial p}{\partial y} . \qquad (276)$$

Hier und meist im folgenden werden die Volumenkräfte vernachlässigt ($k_x = 0$, $k_y = 0$).
Der Druck läßt sich eliminieren, indem Gl. (275) partiell nach y und Gl. (276) partiell nach x differenziert und die Differenz der entstehenden Gleichungen gebildet wird. Benutzt man außerdem Gl. (274) und führt die Drehung ω nach Gl. (270) ein, erhält man schließlich

$$u \frac{\partial \omega}{\partial x} + v \frac{\partial \omega}{\partial y} = 0 . \qquad (277)$$

Diese Gleichung heißt *Wirbeltransportgleichung*. Sie kann als inneres Produkt aus dem Geschwindigkeitsvektor $\mathbf{w}(u,v)$ und dem Gradientenvektor der Drehung $(\partial \omega/\partial x, \partial \omega/\partial y)$ gedeutet werden. Der Gradientenvektor der Drehung steht also senkrecht auf dem Geschwindigkeitsvektor. In Stromlinienrichtung ändert sich danach die Drehung nicht.

Satz 35: Auf einer Stromlinie ist die Drehung in reibungsloser stationärer Strömung konstant. Die Fluidteilchen behalten ihre Drehung. *H e l m h o l t z scher Wirbelsatz.*

Bei der Behandlung reibungsloser Strömungen wird hier stets homogene, d.h. drehungsfreie Anströmung vorausgesetzt. Dann ist nach dem *Helmholtz*schen Wirbelsatz die Strömung im gesamten Feld drehungsfrei. Drehungsfreie Strömungen heißen *Potentialströmungen*. Sie werden in Kap. 14 behandelt.

13.5. Bewegungsgleichungen in Zylinderkoordinaten

Ohne Beweis seien die *Navier-Stokes*-Gleichungen für rotationssymmetrische Strömungen angegeben. Es werden die Bezeichnungen von Abb. 76 benutzt. Wegen der Rotationssymmetrie sind alle Strömungsgrößen von der Umfangskoordinate unabhängig. Die Umfangskomponente der Geschwindigkeit sei null.

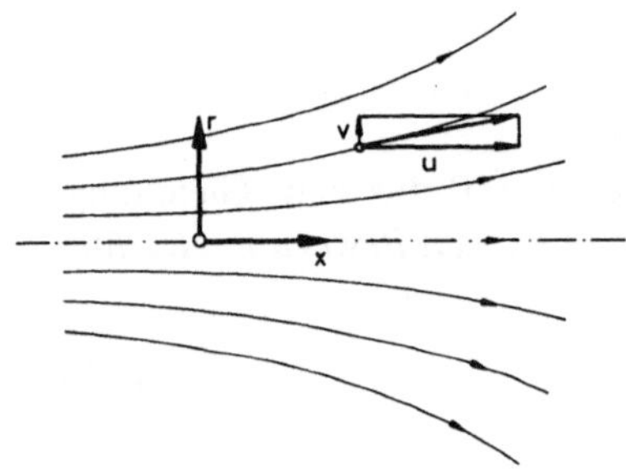

Abb. 76:
Rotationssymmetrische Strömung in einem
Zylinderkoordinaten-System

Für die Funktionen u(x,r), v(x,r), p(x,r) lauten die Bewegungsgleichungen

$$\frac{\partial u}{\partial x} + \frac{1}{r}\,\frac{\partial(rv)}{\partial r} = 0 \tag{278}$$

$$\rho\left(u\,\frac{\partial u}{\partial x} + v\,\frac{\partial u}{\partial r}\right) = k_x - \frac{\partial p}{\partial x} + \eta\left(\frac{\partial^2 u}{\partial x^2} + \frac{1}{r}\,\frac{\partial u}{\partial r} + \frac{\partial^2 u}{\partial r^2}\right) \tag{279}$$

$$\rho\left(u\,\frac{\partial v}{\partial x} + v\,\frac{\partial v}{\partial r}\right) = k_r - \frac{\partial p}{\partial r} + \eta\left(\frac{\partial^2 v}{\partial x^2} + \frac{1}{r}\,\frac{\partial v}{\partial r} - \frac{v}{r^2} + \frac{\partial^2 v}{\partial r^2}\right). \tag{280}$$

Für die Drehung gilt

$$\omega = \frac{1}{2}\left(\frac{\partial v}{\partial x} - \frac{\partial u}{\partial r}\right) \tag{281}$$

und für die Schubspannung

$$\tau = -\eta\left(\frac{\partial u}{\partial r} + \frac{\partial v}{\partial x}\right). \tag{282}$$

Beispiel 39: Kreisrohrströmung

Für die ausgebildete Kreisrohrströmung (vgl. Abb. 58a, links) ist bei Vernachlässigung von Volumenkräften die Geschwindigkeitsverteilung u(r) und die Rohrreibungszahl λ zu bestimmen. Gegeben sind d = 2R, ρ, η und $\bar{u}$.

Lösung:

Da die Strömung *ausgebildet* ist, verschwinden alle Ableitungen nach x. Ableitungen nach r können als gewöhnliche Ableitungen geschrieben werden.
Aus Gl. (278) folgt rv = konst.. Wegen v = 0 an der Wand (r = R) gilt v = 0 für alle Werte r. Wegen Gl. (280) kann p nur von x abhängen. Gl. (279) liefert

$$\frac{d^2u}{dr^2} + \frac{1}{r}\frac{du}{dr} = \frac{1}{\eta}\frac{dp}{dx} = B \ . \tag{283}$$

B muß eine Konstante sein, da u nur von r und p nur von x abhängen. Für Gl. (283) läßt sich auch schreiben:

$$d\left(r\,\frac{du}{dr}\right) = B\,r\,dr \ .$$

Integration ergibt

$$r\,\frac{du}{dr} = B\,\frac{r^2}{2} + C_1 \ .$$

Die Gleichung muß auch auf der Rohrachse gelten, also ist $C_1 = 0$. Nochmalige Integration bringt

$$u(r) = \frac{B}{4}\,r^2 + C_2 \ .$$

Wegen der Haftbedingung u(R) = 0 folgt

$$u(r) = \frac{B}{4}(r^2 - R^2) \ .$$

Das Geschwindigkeitsprofil hat die Form einer Parabel.
Maximalgeschwindigkeit:

$$u_{max} = u(0) = -\frac{R^2}{4}\,B \ .$$

Mittlere Geschwindigkeit nach Gl. (232)

$$\bar{u} = -\frac{R^2}{8}\,B = \frac{1}{2}\,u_{max} \ .$$

Wandschubspannung nach Gl. (282):

$$\tau_w = -\eta\left(\frac{\partial u}{\partial r}\right)_{r=R} = -\frac{1}{2}\,\eta\,R\,B \ .$$

Rohrreibungszahl λ nach Gl. (171):

$$\lambda = \frac{8\,\tau_w}{\rho\,\bar{u}^2} = \frac{64\,\eta\ \mathrm{R\,B}}{\rho\,\bar{u}\,2\mathrm{R\,RB}} = \frac{64}{\mathrm{Re}} \tag{284}$$

mit

$$\mathrm{Re} = \frac{\rho\,\bar{u}\,d}{\eta}$$

Das ist das Rohrreibungsgesetz von *Hagen-Poiseuille*, das nach Abb. 59 für $\mathrm{Re} < 2300$ gilt.

14. Potentialströmungen

14.1. Potential- und Stromfunktion

Definition 41:

Potentialströmungen sind drehungsfreie Strömungen.

Die Drehungsfreiheit verlangt nach Gl. (270)

$$\frac{\partial v}{\partial x} - \frac{\partial u}{\partial y} = 0 \ . \tag{285}$$

Dazu kommt die Kontinuitätsgleichung, vgl. Gl. (253),

$$\frac{\partial u}{\partial x} + \frac{\partial v}{\partial y} = 0 \ . \tag{286}$$

Die Gln. (285) und (286) sind zwei Gleichungen für die beiden Geschwindigkeitskomponenten u(x,y) und v(x,y). Sind diese ermittelt, läßt sich der Druck p(x,y) aus der *Bernoulli*-Gleichung, Gl. (122), bestimmen:

$$p + \frac{\rho}{2}\,(u^2 + v^2) = p_\infty + \frac{\rho}{2}\,U_\infty^{\ 2}$$

oder

$$c_p = \frac{p - p_\infty}{\dfrac{\rho}{2}\,U_\infty^{\ 2}} = 1 - \frac{u^2 + v^2}{U_\infty^{\ 2}} \ . \tag{287}$$

Der Index ∞ bezieht sich auf die homogene Anströmung mit der Geschwindigkeit U_∞.

Satz 36: Alle ebenen Potentialströmungen sind Lösungen der *Navier-Stokes*-Gleichungen.

Beweis: Differentiation der Gl. (285) nach y und der Gl. (286) nach x und Bildung der Differenz führt auf

$$\frac{\partial^2 u}{\partial x^2} + \frac{\partial^2 u}{\partial y^2} = 0 \ .$$

Eine entsprechende Gleichung gilt für v(x,y). Damit verschwinden die Reibungsglieder der *Navier-Stokes*-Gleichungen, Gln. (264) und (265). Daß die verbleibenden *Euler*schen Bewegungsgleichungen für $\omega = 0$ erfüllt sind, wurde bereits in Kap. 13.4 gezeigt, vgl. Gl. (277).

Die Potentialströmungen erfüllen jedoch im allgemeinen nicht die Haftbedingung, sie besitzen an Wänden endliche Geschwindigkeiten. Trotzdem haben sie ihre Existenzberechtigung, und zwar als reibungslose Außenströmungen, die in Wandnähe von umströmten Körpern durch die Grenzschicht ergänzt werden müssen (vgl. Kap. 12.4). Die Potentialströmungen liefern die Druckverteilung um den Körper, und bei unsymmetrischer Strömung auch den Auftrieb, solange keine starken Einflüsse durch Ablösung der Strömung auftreten. Im Gegensatz zu den allgemeinen *Navier-Stokes*-Gleichungen sind die Gln. (285) und (286) für die Potentialströmungen *linear*. Das bedeutet eine erhebliche Vereinfachung.

Definition 42:

Die *Potentialfunktion* $\Phi(x,y)$ wird durch folgende Beziehungen definiert:

$$u = \frac{\partial \Phi}{\partial x}, \qquad v = \frac{\partial \Phi}{\partial y} \ . \tag{288}$$

Ersetzt man die Geschwindigkeitskomponenten in dieser Weise durch die Potentialfunktion, dann ist die Gleichung der Drehungsfreiheit, Gl. (285), von selbst erfüllt. Setzt man die Ansätze, Gl. (288), in die Kontinuitätsgleichung, Gl. (286), ein, dann folgt daraus die *Potentialgleichung* oder *L a p l a c e - Gleichung für die Potentialfunktion.*

$$\frac{\partial^2 \Phi}{\partial x^2} + \frac{\partial^2 \Phi}{\partial y^2} = 0 \tag{289}$$

oder

$$\Delta \Phi = 0 \ . \tag{290}$$

Definition 43:

Der *L a p l a c e -Operator* Δ bedeutet folgende Rechenvorschrift:

$$\Delta = \frac{\partial^2}{\partial x^2} + \frac{\partial^2}{\partial y^2} \ . \tag{291}$$

Das ursprüngliche Problem, drei Gleichungen für die drei Funktionen u(x,y), v(x,y) und p(x,y) zu lösen, ist reduziert worden auf die Lösung einer Gleichung, Gl. (289), für die eine unbekannte Funktion Φ(x,y). Gl. (289) ist eine lineare, partielle Differentialgleichung zweiter Ordnung. Die *Potentialtheorie* beschäftigt sich mit der Lösung dieser Potentialgleichung, die auch in vielen anderen Gebieten der Physik und Technik auftritt.

Es gibt noch einen zweiten Weg, zu Lösungen der beiden Gln. (285) und (286) zu gelangen, und zwar durch Einführen der *Stromfunktion*.

Definition 44:

Die *Stromfunktion* Ψ (x,y) wird durch folgende Beziehungen definiert:

$$u = \frac{\partial \Psi}{\partial y} , \quad v = - \frac{\partial \Psi}{\partial x} . \tag{292}$$

Diese Definition wurde gerade so gewählt, daß die Kontinuitätsgleichung, Gl. (286), von selbst erfüllt ist. Setzt man die Ansätze, Gl. (292), in die Gleichung für die Drehungsfreiheit, Gl. (285), ein, dann folgt daraus

$$\frac{\partial^2 \Psi}{\partial x^2} + \frac{\partial^2 \Psi}{\partial y^2} = 0 \tag{293}$$

oder

$$\Delta \Psi = 0 . \tag{294}$$

Auch die Stromfunktion Ψ erfüllt die Potentialgleichung. Aus Gl. (292) folgt

$$u \frac{\partial \Psi}{\partial x} + v \frac{\partial \Psi}{\partial y} = 0 . \tag{295}$$

Ähnlich wie bei der Wirbeltransportgleichung, Gl. (277), kann daraus gefolgert werden, daß sich die Stromfunktion längs Stromlinien nicht ändert.

Satz 37: Die Linien Ψ = konst. sind die Stromlinien.

Entsprechend heißen die Linien Φ = konst. *Potentiallinien*. Ein Vergleich der Definitionen, Gl. (288) und Gl. (292), führt zu dem

Satz 38: Zwischen Potentialfunktion Φ (x,y) und Stromfunktion Ψ (x,y) gelten
die *C a u c h y - R i e m a n n schen Differentialgleichungen:*

$$\frac{\partial \Phi}{\partial x} = \frac{\partial \Psi}{\partial y} , \quad \frac{\partial \Phi}{\partial y} = - \frac{\partial \Psi}{\partial x} . \tag{296}$$

Aus ihnen folgt, daß Potentiallinien und Stromlinien senkrecht aufeinander stehen.

Beweis: Es gilt ,

$$\frac{\partial \Phi}{\partial x} \frac{\partial \Psi}{\partial x} + \frac{\partial \Phi}{\partial y} \frac{\partial \Psi}{\partial y} = 0 \; .$$

Also stehen die Gradienten der beiden Funktionen senkrecht aufeinander.

Aus den Eigenschaften von Φ (x,y) und Ψ (x,y) folgt direkt

Satz 39: Potentiallinien und Stromlinien lassen sich vertauschen (*Vertauschungsprinzip*).

Die Linearität der Potentialgleichung führt zu

Satz 40: Sind Φ_1(x,y) und Φ_2(x,y) Lösungen der Potentialgleichung $\Delta\Phi = 0$, dann ist auch

$$\Phi = a_1 \Phi_1(x,y) + a_2 \Phi_2(x,y) \tag{297}$$

eine Lösung, wobei a_1 und a_2 beliebige Konstanten sind (*Superpositionsprinzip*).

Auf die Methoden der Potentialtheorie zur Lösung der Potentialgleichung kann hier nicht eingegangen werden. Statt dessen sollen einige einfache Lösungen der Potentialgleichung betrachtet und deren Interpretation als Strömungen diskutiert werden. In der Praxis werden sehr häufig aus diesen einfachen Grundlösungen durch Superposition allgemeine Lösungen zusammengesetzt.
In Tabelle 7 sind die Funktionen einiger Grundlösungen zusammengestellt. Man überzeugt sich leicht durch Differentiation und Einsetzen in die Potentialgleichung, daß es sich um Potentialströmungen handelt.

Beispiel 40: Quellströmung

Welche Bedeutung hat E in den Formeln für die Quellströmung, Tabelle 7?

Lösung:

Stromlinien sind die Linien φ = konst., d.h. die Strahlen durch den Nullpunkt. In Abständen von $\Delta\varphi = \pi/6$ (30°) sind die Stromlinien in Abb. 77 gezeichnet. Zu jeder Stromlinie gehört der Zahlenwert der Stromfunktion Ψ, der für die oberen sechs Stromlinien angegeben ist.
Die Geschwindigkeit hat den Betrag

$$|\mathbf{w}| = \sqrt{u^2 + v^2} = \frac{E}{2\pi r} , \tag{298}$$

er ist konstant auf einem Kreis r = konst.

Tabelle 7: Potential- und Stromfunktionen sowie Geschwindigkeiten für einige einfache Potentialströmungen

Strömung	$\Phi(x, y)$	$\Psi(x, y)$	$u(x, y)$	$v(x, y)$	Stromlinien
Translationsströmung	$U_\infty x + V_\infty y$	$U_\infty y - V_\infty x$	U_∞	V_∞	
Quellströmung (Ergiebigkeit E)	$\dfrac{E}{2\pi} \ln r$	$\dfrac{E}{2\pi}\, \varphi$	$\dfrac{E}{2\pi}\, \dfrac{x}{r^2}$	$\dfrac{E}{2\pi}\, \dfrac{y}{r^2}$	
Potentialwirbel-Strömung (Zirkulation Γ)	$\dfrac{\Gamma}{2\pi}\, \varphi$	$-\dfrac{\Gamma}{2\pi} \ln r$	$-\dfrac{\Gamma}{2\pi}\, \dfrac{y}{r^2}$	$\dfrac{\Gamma}{2\pi}\, \dfrac{x}{r^2}$	
Quell-Senken-Strömung (Ergiebigkeit E, Abstand h)	$\dfrac{E}{2\pi} \ln \dfrac{r_1}{r_2}$	$\dfrac{E}{2\pi}\, (\varphi_1 - \varphi_2)$	$\dfrac{E}{2\pi}\left(\dfrac{x+h}{r_1{}^2} - \dfrac{x}{r_2{}^2}\right)$	$\dfrac{Ey}{2\pi}\left(\dfrac{1}{r_1{}^2} - \dfrac{1}{r_2{}^2}\right)$	
Dipolströmung (Dipolmoment M)	$\dfrac{M}{2\pi}\, \dfrac{x}{r^2}$	$-\dfrac{M}{2\pi}\, \dfrac{y}{r^2}$	$\dfrac{M}{2\pi}\, \dfrac{y^2 - x^2}{r^4}$	$-\dfrac{M}{2\pi}\, \dfrac{2xy}{r^4}$	

Für die Breite b der Quellströmung senkrecht zur Strömungsebene wäre der Volumenstrom durch jeden Zylinder r = konst.

$$Q = 2\pi r \; |w| \; b = E \, b \; . \tag{299}$$

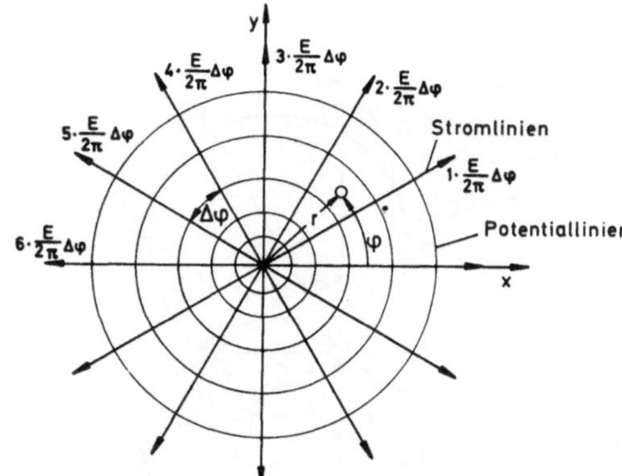

Abb. 77:
Strom- und Potentiallinien der ebenen Quellströmung (an den oberen Stromlinien stehen die Werte Ψ, $\Delta\varphi = \pi/6$)

E ist demnach der auf die Breite b bezogene Volumenstrom der Quelle und heißt *Quellergiebigkeit*. Negatives E entspricht einer *Senkenströmung*. Im Nullpunkt wird nach Gl. (298) die Geschwindigkeit unendlich. Ein solcher Punkt heißt *singulärer Punkt*.

Beispiel 41: Potentialwirbelströmung

Welche Strömung entsteht aus der Quellströmung bei Vertauschen von Strom- und Potentiallinien, und welche Bedeutung hat dann der zur Quellergiebigkeit analoge Faktor?

Lösung:

Zunächst werden die Stromlinien der beiden Grundströmungen gezeichnet. In Abb. 78 ist das für Winkelabstände $\Delta\varphi = \pi/6$ (30°) durchgeführt, links befindet sich die Quelle. An den Stromlinien sind die Werte 12 Ψ/E angeschrieben.

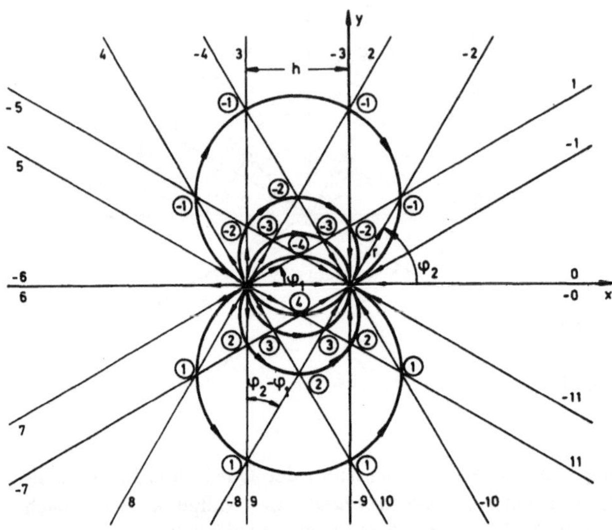

Abb. 78:
Stromlinienbild der Quell-Senken-Strömung (an den Stromlinien stehen die Werte 12 Ψ/E)

In den Kreuzungspunkten der Stromlinien erhält man durch Addition die Ψ-Werte der resultierenden Strömung. Kreuzungspunkte mit gleicher Summe gehören zur gleichen Stromlinie der Überlagerungsströmung. Diese Stromlinien sind Kreise. Die Bedingung $\varphi_1 - \varphi_2 = $ konst. für eine Stromlinie ist gleichbedeutend mit dem Satz, daß die Peripheriewinkel in einem Kreis konstant sind. Es sei noch angemerkt, daß auch die Potentiallinien Kreise sind.

Beispiel 43: Dipolströmung

Bei der Quell-Senken-Strömung soll der Abstand h gegen null streben, jedoch soll bei dem Grenzübergang E h = M konstant bleiben. Welche Potentialfunktion hat die entstehende Strömung?

Lösung:

Wird das Koordinatensystem nach Abb. 78 gewählt, dann lautet die Potentialfunktion:

$$\Phi = \frac{E\,h}{2\pi} \lim_{h \to 0} \frac{\ln \sqrt{(x+h)^2 + y^2} - \ln \sqrt{x^2 + y^2}}{h}$$

Abgesehen von dem Faktor Eh/2π ist das gerade das Differential der Funktion $\ln \sqrt{x^2 + y^2}$.

Also kann man schreiben

$$\Phi = \frac{M}{2\pi} \frac{\partial}{\partial x} \left(\ln \sqrt{x^2 + y^2} \right).$$

Differentiation ergibt

$$\Phi = \frac{M}{2\pi} \frac{x}{x^2 + y^2} = \frac{M}{2\pi} \frac{x}{r^2} .$$

Die übrigen Formeln für diese *Dipolströmung* lassen sich in ähnlicher Weise aus einer Grenzbetrachtung herleiten. M heißt *Dipolmoment*. Die Stromlinien sind Kreise, die den Nullpunkt berühren. Für den Betrag der Geschwindigkeit

$$|w| = \frac{M}{2\pi r^2} . \tag{301}$$

Der Nullpunkt ist wieder singulär. Die Geschwindigkeit klingt bei der Dipolströmung nach außen schneller ab $(\sim r^{-2})$ als bei der Quell- oder Potentialwirbelströmung $(\sim r^{-1})$.

14.2. Kreiszylinderströmung

Es wird die Strömung betrachtet, die sich aus einer Überlagerung einer Translationsströmung (Geschwindigkeit U_∞) und einer Dipolströmung (Dipolmoment M) ergibt. In Abb. 79 ist die graphische Konstruktion der Stromlinien für die dabei entstehende Strömung gezeigt. Als Beispiel wurde $M = 50\pi\, U_\infty$ gewählt. An den Stromlinien stehen die Zahlenwerte Ψ/U_∞. Der Radius der Kreisstromlinie $\Psi = $ konst. der Dipolströmung beträgt

$$r_S = -M/4\,\pi\,\Psi = -12{,}5\; U_\infty/\Psi . \tag{302}$$

Wählt man äquidistante Werte Ψ/U_∞ für beide Grundströmungen, lassen sich bei der Überlagerung leicht wieder Stromlinien mit äquidistanten Werten ermitteln.

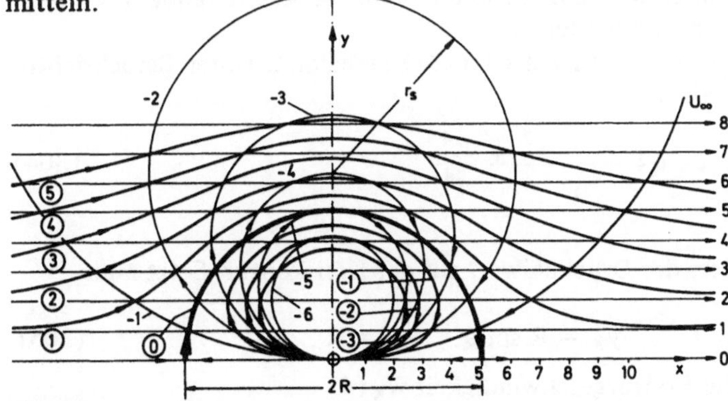

Abb. 79:
Stromlinien der Kreiszylinderströmung. Überlagerung von Translationsströmung und Dipolströmung. (M = 50π U_∞, an den Stromlinien stehen die Zahlen Ψ/U_∞)

Aus den Angaben in Tabelle 7 ergeben sich folgende Größen

$$\Phi\,(x, y) = U_\infty x + \frac{M}{2\pi}\,\frac{x}{r^2}$$

$$\Psi\,(x, y) = U_\infty y - \frac{M}{2\pi}\,\frac{y}{r^2}$$

$$u\,(x, y) = U_\infty + \frac{M}{2\pi}\,\frac{y^2 - x^2}{r^4}$$

$$v\,(x, y) = -\,\frac{M}{2\pi}\,\frac{2xy}{r^4}\quad.$$

Für die *Nullstromlinie* $\Psi = 0$ gilt:

$$y\left(U_\infty - \frac{M}{2\pi}\,\frac{1}{r^2}\right) = 0\,.$$

Neben der x-Achse gehört also noch die Linie

$$r^2 = R^2 = \frac{M}{2\pi\,U_\infty} \tag{303}$$

zur Nullstromlinie. Das ist ein Kreis mit dem Radius R. Im Beispiel der Abb. 79 ergibt sich

$$R^2 = \frac{50\pi\,U_\infty}{2\pi\,U_\infty} = 25\,,$$

also R = 5.

Wird der Kreis r = R als feste Wand aufgefaßt, stellt die resultierende Strömung die Umströmung eines Kreiszylinders dar.
Der Druckbeiwert $c_p(x,y)$ wird nach Gl. (287) berechnet. Unter Berücksichtigung der Gl. (303) erhält man

$$\frac{u^2 + v^2}{U_\infty{}^2} = 1 + 2R^2\,\frac{y^2 - x^2}{r^4} + \frac{R^4}{r^4}\quad. \tag{304}$$

Es interessiert besonders der Druckbeiwert auf der Kreiskontur. Setzt man

$$x_K = -\,R\cos\vartheta,\qquad y_K = R\sin\vartheta,\qquad r = R\,, \tag{305}$$

dann ergibt sich für die Konturgeschwindigkeit $w_K\,(\vartheta)$

$$\frac{w_K}{U_\infty} = 2\sin\vartheta \tag{306}$$

und nach Gl. (287)

$$c_p(\vartheta) = 1 - 4\sin^2\vartheta \ .$$

(307)

Diese Druckverteilung ist in Abb. 80 als Kurve a dargestellt. Sie ist auf Vorder- und Rückseite symmetrisch und liefert daher keinen Druckwiderstand (*d'Alembert*sches Paradoxon). In der realen Kreiszylinderströmung treten Abweichungen von dieser Druckverteilung auf. Die Vorgänge sind ganz analog denen bei der Kugelumströmung (vgl. Kap. 12.8). Auch bei der Kreiszylinderströmung unterscheidet man unterkritische Strömung (Kurve b in Abb. 80, starke Ablösung, hoher Druckwiderstand) und überkritische Strömung (Kurve c, weniger starke Ablösung, geringerer Druckwiderstand). Die auf den Kreiszylinderdurchmesser bezogene kritische *Reynolds*-Zahl liegt etwa bei $Re_k = 3 \cdot 10^5$.

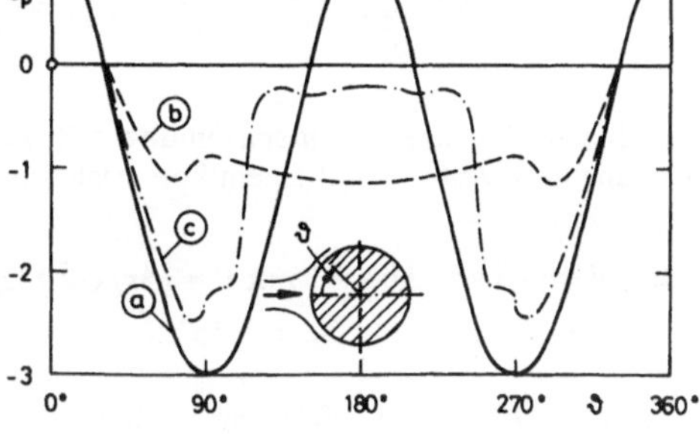

Abb. 80:
Verlauf des Druckbeiwertes bei der
Kreiszylinderströmung
a Reibungslose Strömung
b Unterkritische Strömung
c Überkritische Strömung

Beispiel 44: Kreiszylinderströmung mit Auftrieb

Der Kreiszylinderströmung soll ein Potentialwirbel im Kreismittelpunkt mit der Stärke Γ und mit Uhrzeiger-Drehsinn überlagert werden. Zu bestimmen sind das Stromlinienbild, die Druckverteilung auf der Kontur und die resultierende Druckkraft.

Lösung:

Die graphische Konstruktion geht aus Abb. 81 hervor. Der Kreis bleibt Stromlinie, da er auch beim Potentialwirbel Stromlinie ist. Die Strömung ist nicht mehr symmetrisch zur x-Achse. Geringer Stromlinienabstand bedeutet große Geschwindigkeit und niedriger Druck. Daher besteht zwischen Ober- und Unterseite ein Druckunterschied, der eine Auftriebskraft in y-Richtung zur Folge hat.
Die Geschwindigkeitsverteilung auf der Kontur folgt aus den Gln. (300) und (306)

$$w_K(\vartheta) = 2\,U_\infty \sin\vartheta + \frac{\Gamma}{2\pi R} \ .$$

(308)

Die Lage der Staupunkte ergibt sich aus der Bedingung $w_K = 0$ zu:

$$\sin \vartheta_{1,2} = - \frac{\Gamma}{4\pi\, U_\infty\, R} \, . \tag{309}$$

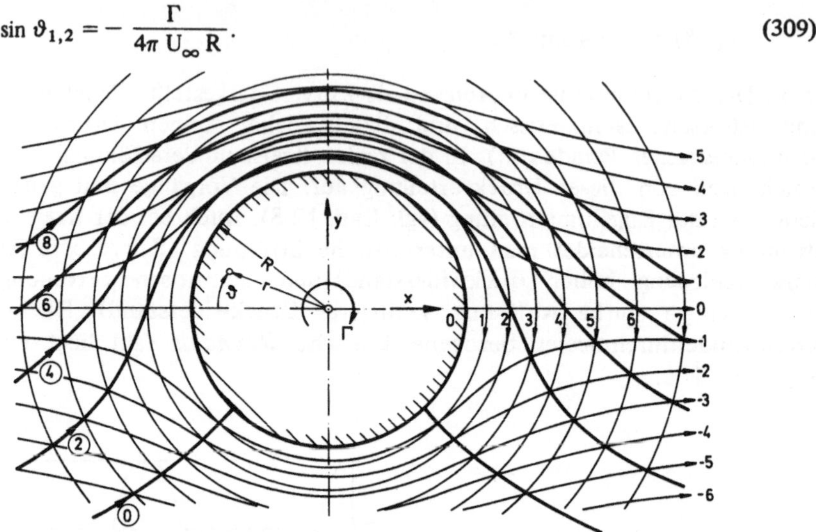

Abb. 81:
Stromlinien der Kreiszylinderströmung mit Zirkulation. Überlagerung der Kreiszylinderströmung nach Abb. 79 mit einem Potentialwirbel ($\Gamma = 4\pi\, U_\infty\, R/\sqrt{2}$)

In dem Beispiel von Abb. 81 mit $\Gamma = (4\pi/\sqrt{2})\, U_\infty R$ erhält man

$$\vartheta_1 = 225°, \qquad \vartheta_2 = -45° \, .$$

Aus den Gln. (287) und (308) ergibt sich die Druckverteilung auf der Kontur

$$c_p(\vartheta) = 1 - 4\sin^2\vartheta - \frac{2\,\Gamma}{\pi\, U_\infty\, R}\sin\vartheta - \frac{\Gamma^2}{4\pi^2 U_\infty^2 R^2} \, . \tag{310}$$

Nach Abb. 82 liefert ein kleines Flächenelement der Kreiszylinderkontur zum Auftrieb den Beitrag:

$$-dF \sin\vartheta = -bR\, p \sin\vartheta\, d\vartheta \, .$$

Integration ergibt den Auftrieb

$$A = -bR \int_0^{2\pi} (p - p_\infty) \sin\vartheta\, d\vartheta \, .$$

Das Hinzufügen von p_∞ unter dem Integral ändert das Ergebnis nicht (vgl. Kap. 12.5). Mit dem Druckbeiwert c_p lautet die Formel zur Auftriebsberechnung am Kreiszylinder

$$A = -\frac{1}{2}\rho\, U_\infty^2\, bR \int_0^{2\pi} c_p(\vartheta) \sin\vartheta\, d\vartheta \, .$$

Einsetzen von Gl. (310) und Integration liefert

$$A = \rho\, b\, U_\infty\, \Gamma \, .$$

Das ist der *Satz von Kutta-Joukowsky*. *Danach ist der Auftrieb proportional zur Zirkulation* Γ.

In der Praxis läßt sich die Unsymmetrie der Kreiszylinderströmung z.B. durch Anbringen einer kleinen Klappe nach Abb. 82 erzwingen.

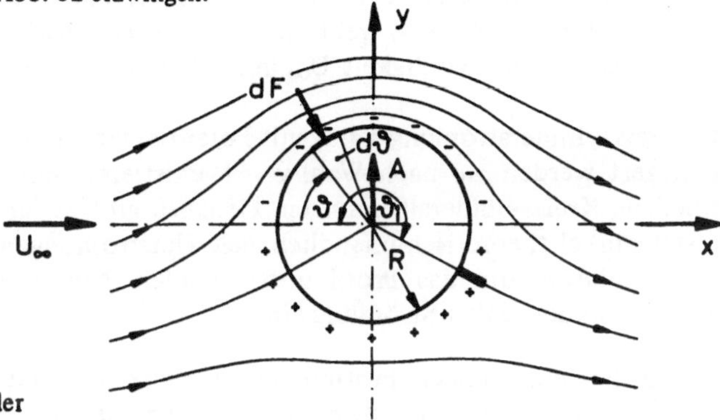

Abb. 82:
Druckkraft am Kreiszylinder

14.3. Strömungen um Profile

Am Beispiel der Kreiszylinderströmung wurde gezeigt, daß durch unsymmetrische Umströmung eine Auftriebskraft (vgl. Definition 36 in Kap. 12.5) entsteht. Durch geeignete Formgebung oder Profilierung eines Körpers kann eine derartige Unsymmetrie in der Strömung und damit Auftrieb erzwungen werden. Ein solcher Körper, an dem Auftrieb entstehen soll, wird *Tragflügelprofil* oder *Profil* genannt. In Abb. 83 ist ein Profil dargestellt. Die Profilmittellinie, im allgemeinen als *Skelettlinie* bezeichnet, ist in dem Beispiel gegenüber der Profilsehne gewölbt, und zwar mit der *Wölbungshöhe f*. Der *Anstellwinkel* α ist der Winkel zwischen Profilsehne und Anströmrichtung.

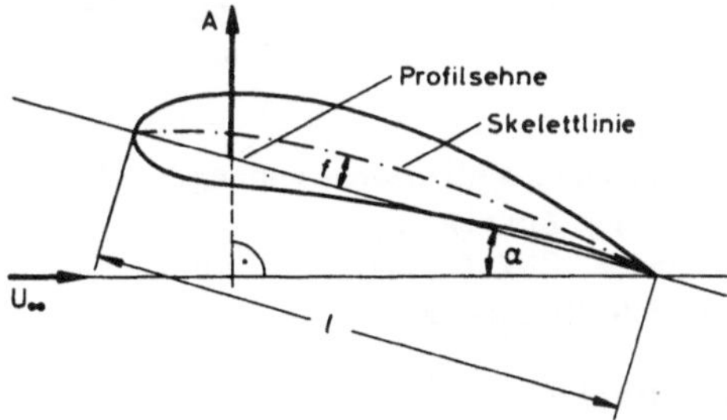

Abb. 83:
Strömung um ein gewölbtes Profil mit
Anstellwinkel α

Satz 41: Für ebene Potentialströmungen um beliebige Körper gilt das *Gesetz von Kutta-Joukowsky:*

$$A = \rho\, b\, U_\infty\, \Gamma. \tag{311}$$

Der Auftrieb A ist proportional zur Zirkulation Γ.

Beweis: Für die Kreiszylinderströmung ist der Satz in Beispiel 44 bewiesen. Für allgemeine Körper im Gitterverband gilt Satz 20, Gl. (218). Das in Gl. (214) eingeführte Γ hat gerade die Bedeutung der Zirkulation für die Kontrollfläche in Abb. 54. Im Grenzfall unendlich großer Schaufelteilung ($t \to \infty$) geht die mittlere Geschwindigkeit w_∞ in die Anströmgeschwindigkeit U_∞ über. Damit folgt aus Gl. (218) der Satz 41.

Die Kreiszylinderströmung kann mit Potentialwirbeln beliebiger Wirbelstärke Γ überlagert werden. Je nach Wahl von Γ existieren danach unendlich viele verschiedene Kreiszylinderströmungen. Genauso gibt es für jedes Profil bei festem Anstellwinkel theoretisch unendlich viele Umströmungen, die sich in der Stärke der Zirkulation um das Profil unterscheiden. Nur eine dieser Möglichkeiten stellt sich in der realen Strömung ein.

Satz 42: Bei einer realen Profilumströmung erfolgt glattes Abströmen an der Hinterkante (*K u t t a sche Abflußbedingung*). Die Hinterkante wird nicht umströmt.

Durch diese Bedingung wird aus den vielen theoretisch möglichen Strömungen die richtige ausgewählt. In Abb. 84 ist das verdeutlicht. Abb. 84a zeigt eine Strömung mit zu geringer Zirkulation, Abb. 84c eine mit zu großer Zirkulation. Die sich wirklich einstellende Strömung ist in Abb. 84b dargestellt. Man erkennt die Unterschiede an der Hinterkante. Profile sind deshalb an der Hinterkante verhältnismäßig scharfkantig ausgebildet, um die Zirkulation um das Profil präzise festzulegen.

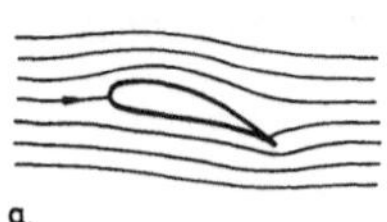
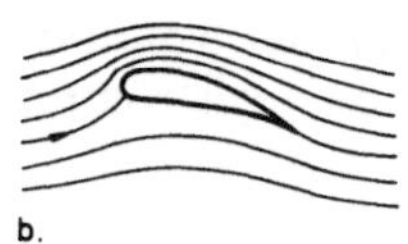
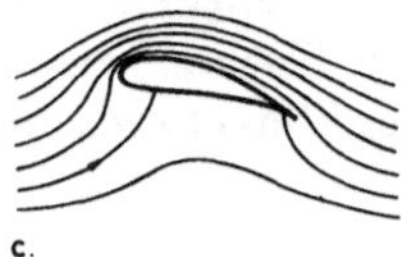

Abb. 84:
Stromlinien für verschiedene reibungslose Profilumströmungen
a zu geringe Zirkulation
b „richtige" Zirkulation (erfüllt *Kutta*sche Abflußbedingung an der Hinterkante)
c zu große Zirkulation

Definition 45:

Der *Auftriebswert* c_A ist definiert durch

$$c_A = \frac{A}{\frac{\rho}{2} U_\infty^2 S} = \frac{A}{q_\infty\, b\, l}. \tag{312}$$

Er ist eine dimensionslose Größe. Als Bezugsfläche S dient die Grundrißfläche b l.

Diese Definition ist analog zu Definition 37, Gl. (243), für den Widerstandsbeiwert.

In sehr guter Näherung ist für alle Profile der Auftriebsbeiwert linear vom Anstellwinkel α und von der relativen Wölbungshöhe f/l abhängig. Es gilt

$$c_A = 2\,\pi\left(\alpha + 2\,\frac{f}{l}\right). \tag{313}$$

In Abb. 85 ist die Abhängigkeit des Auftriebsbeiwertes c_A vom Anstellwinkel gezeigt. Bei kleinen Anstellwinkeln ist der Verlauf linear, und es gilt Gl. (313).

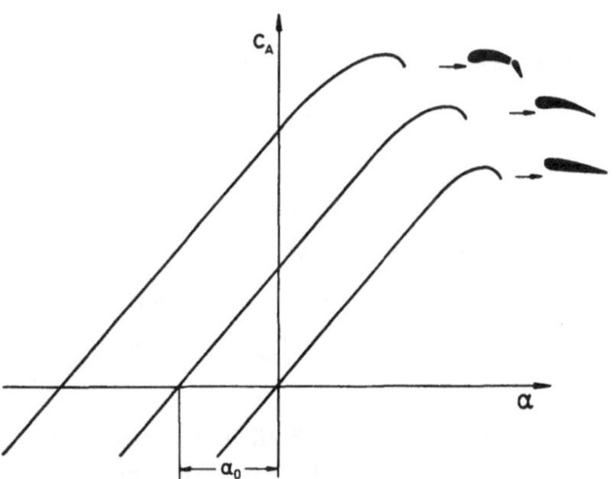

Abb. 85:
Abhängigkeit des Auftriebsbeiwertes
vom Anstellwinkel bei Tragflügelprofilen.
Einfluß von Wölbung und Klappe

Beim *Nullauftriebswinkel*

$$\alpha_0 = -\,2\,\frac{f}{l} \tag{314}$$

verschwindet der Auftrieb. Durch Wölbung läßt sich der Auftrieb erhöhen. Das Ausfahren einer Klappe bedeutet die effektive Erhöhung der Wölbung und bringt neben der Vergrößerung der tragenden Fläche zusätzlichen Auftrieb infolge Wölbungszunahme. Solange nur kleine Anstellwinkel betrachtet werden, liefert die Potentialtheorie sehr gute Ergebnisse, z.B. Gl. (313). Wie in Abb. 85 angedeutet ist, weichen die Auftriebskurven bei großen Anstellwinkeln vom linearen Verlauf ab. Diese Abweichungen sind auf Strömungsablösungen zurückzuführen, die von der Theorie, auch bei Berücksichtigung von Reibungseinflüssen, bis heute noch nicht erfaßt werden können.

Beispiel 45: Auftriebsbeiwert des Flugzeugs Boeing 747

Vom Flugzeug Boeing 747 (Jumbo Jet) sind folgende Daten gegeben: Flügelfläche $S = 511\ \text{m}^2$, Startgewicht $m = 320000$ kg, Reiseflug-*Mach*zahl $Ma = 0{,}9$, Abhebegeschwindigkeit beim Start $U_{\infty a} = 234$ km/h.
Wie groß sind die Auftriebsbeiwerte für den Reiseflug in 11 km Höhe (Schallgeschwindigkeit in 11 km Höhe: $a = 295$ m/s) und beim Abheben (mit ausgefahrenen Klappen)?

Lösung:

Reisegeschwindigkeit:

$$U_\infty = \text{Ma} \cdot a = 0{,}9 \cdot 295 \text{ m/s} = 266 \text{ m/s} \,.$$

Auftrieb ist gleich der Gewichtskraft $G = m\,g$. Die Dichte in 11 km Höhe beträgt nach Tabelle 2 $\rho = 0{,}0365 \text{ kg/m}^3$.

$$c_A = \frac{G}{\dfrac{\rho}{2} U_\infty^2 \, S} = \frac{3{,}2 \cdot 10^5 \text{ kg} \cdot 9{,}81 \text{ m/s}^2}{0{,}5 \cdot (0{,}0365 \text{ kg/m}^3)\,(266 \text{ m/s})^2 \cdot 511 \text{ m}^2} = 0{,}48 \,.$$

Abhebegeschwindigkeit:

$$U_{\infty a} = \frac{234 \cdot 10^3 \text{ m}}{3600 \text{ s}} = 65 \, \frac{\text{m}}{\text{s}} \,.$$

Auftriebsbeiwert beim Abheben ($\rho = 1{,}23 \text{ kg/m}^3$)

$$c_A = \frac{3{,}2 \cdot 10^5 \text{ kg} \cdot 9{,}81 \text{ m/s}^2}{0{,}5 \cdot (1{,}23 \text{ kg/m}^3)\,(65 \text{ m/s})^2 \cdot 511 \text{ m}^2} = 2{,}4 \,.$$

Beim Abheben muß in Wirklichkeit der c_A-Wert nicht ganz so hoch sein, da durch die Flugzeugneigung die vertikale Schubkomponente der Triebwerke mitträgt. Die Schubkraft der Triebwerke beträgt $8 \cdot 10^5$ N, also etwa ein Viertel der Gewichtskraft G.

15. Schleichende Strömungen (Kleine *Reynolds*-Zahlen)

Eine allgemeine Lösung für die vollständigen *Navier-Stokes*-Gleichungen existiert, wie in Kap. 13 bereits erwähnt, bisher nicht. Für gewisse Grenzfälle lassen sich jedoch Lösungen angeben. Da die Viskosität die Lösung beeinflußt, ist nach den Ausführungen in Kap. 12.2 die *Reynolds*-Zahl Re die entscheidende Kennzahl. Die allgemeine Lösung der *Navier-Stokes*-Gleichungen hängt daher von der *Reynolds*-Zahl ab.
Für die beiden Grenzfälle sehr kleiner *Reynolds*-Zahlen (große Viskosität) und sehr großer *Reynolds*-Zahlen (kleine Viskosität) lassen sich *asymptotische Näherungslösungen* entwickeln. Die asymptotischen Lösungen für Re $\to 0$ heißen *schleichende Strömungen*, für Re $\to \infty$ *Grenzschichtströmungen*.
In diesem Kapitel werden die schleichenden Strömungen behandelt, im folgenden Kapitel die Grenzschichtströmungen.

Die Bewegungsgleichungen, Gln. (253), (264) und (265) werden in dimensionsloser Form geschrieben. Dazu werden folgende dimensionslose Größen eingeführt:

$$x^* = \frac{x}{l}, \qquad y^* = \frac{y}{l}, \qquad u^* = \frac{u}{U_\infty}, \qquad v^* = \frac{v}{U_\infty},$$

$$p^* = \frac{p}{\eta \dfrac{U_\infty}{l}} . \tag{315}$$

Dabei ist l eine geeignete Bezugslänge, z.B. die Körperlänge, vgl. Abb. 83. Als Bezugsgeschwindigkeit dient die Anströmgeschwindigkeit U_∞.
Setzt man die mit Stern versehenen, dimensionslosen Größen in die Gln. (253), (264) und (265) ein, ergeben sich die Bewegungsgleichungen in dimensionsloser Form. Da die Volumenkräfte vernachlässigt werden, erhält man aus Gl. (264)

$$\frac{\rho\, U_\infty l}{\eta} \left(u^* \frac{\partial u^*}{\partial x^*} + v^* \frac{\partial u^*}{\partial y^*} \right) = - \frac{\partial p^*}{\partial x^*} + \frac{\partial^2 u^*}{\partial x^{*2}} + \frac{\partial^2 u^*}{\partial y^{*2}} . \tag{316}$$

Die beiden anderen Gleichungen lauten entsprechend. Hierbei hat sich die bereits mehrfach erwähnte dimensionslose Kennzahl, die *Reynolds*-Zahl, als der entscheidende Parameter herausgestellt:

$$\mathrm{Re} = \frac{\rho\, U_\infty l}{\eta} . \tag{317}$$

Da die linke Seite der Bewegungsgleichung die Trägheitskräfte, die rechte Seite die Druck- und Reibungskräfte wiedergeben, ist die *Reynolds*-Zahl ein Maß für das Verhältnis der Trägheitskräfte zu den Reibungskräften.
Im Grenzfall $\mathrm{Re} \to 0$ verschwindet die linke Seite der Gl. (316). Die Trägheitsglieder verschwinden, es besteht Gleichgewicht zwischen Druckkräften und Reibungskräften. Wird wieder die ursprüngliche dimensionsbehaftete Darstellung gewählt, gilt:

Satz 43: Die schleichenden Strömungen, d.h. die Strömungen für sehr kleine *Reynolds*-Zahlen, sind Lösungen des Systems:

$$\frac{\partial u}{\partial x} + \frac{\partial v}{\partial y} = 0 \tag{318}$$

$$\frac{\partial p}{\partial x} = \eta \left(\frac{\partial^2 u}{\partial x^2} + \frac{\partial^2 u}{\partial y^2} \right) \tag{319}$$

$$\frac{\partial p}{\partial y} = \eta \left(\frac{\partial^2 v}{\partial x^2} + \frac{\partial^2 v}{\partial y^2} \right) . \tag{320}$$

Im Gegensatz zu den allgemeinen *Navier-Stokes*-Gleichungen sind diese Differentialgleichungen linear. Es lassen sich damit Lösungen auch durch Superposition finden.

Differenziert man Gl. (319) nach x und Gl. (320) nach y und addiert man, so folgt wegen Gl. (318)

$$\Delta p = \frac{\partial^2 p}{\partial x^2} + \frac{\partial^2 p}{\partial y^2} = 0 \; . \tag{321}$$

Der Druck erfüllt die Potentialgleichung.

Eine bekannte Lösung der entsprechenden Gleichungen für rotationssymmetrische schleichende Strömungen ist die Lösung von *Stokes* für die Kugel (Radius R). Auf die Einzelheiten dieser Lösung wird verzichtet.
Der Widerstand der Kugel beträgt:

$$W = 6 \pi \eta R U_\infty \; . \tag{322}$$

Der Widerstand ist danach proportional zur Viskosität und zur Geschwindigkeit. Für den Widerstandsbeiwert nach Gl. (248) folgt aus Gl. (322)

$$c_W = \frac{24}{Re} \; , \tag{323}$$

wobei die *Reynolds*-Zahl entsprechend Gl. (249) mit dem Kugeldurchmesser gebildet ist. Dieses nach *Stokes* genannte Widerstandsgesetz ist in Abb. 68 eingetragen. Wie man erkennt, gilt es für $Re < 1$.
Das Widerstandsgesetz von *Stokes* findet vielfältige Anwendung. Beim *Kugelfall-Viskosimeter* wird aus der Kugelbewegung der Widerstand der Kugel bestimmt und nach Gl. (322) die Viskosität des Fluids errechnet. Bei der *Korngrößenanalyse* durch *Sedimentation* wird aus der Kugelbewegung bei vorgegebener Viskosität des Fluids der Teilchendurchmesser errechnet.
Schleichende Strömung liegt auch bei der Blutströmung in den Kapillaren und kleinen Arterien vor, vgl. Beispiel 33 in Kap. 12.2.
Wichtige technische Anwendung finden die schleichenden Strömungen in der *hydrodynamischen Schmierungstheorie*, die sich mit der Ölströmung in *Gleitlagern* beschäftigt. Abb. 86 zeigt den Schnitt durch ein Gleitlager. In dem engen Spalt zwischen dem rotierenden Zapfen (Radius R_i) und dem Lager (Radius R_a) bildet sich eine dünne Ölströmung aus, in der sehr große Druckunterschiede entstehen, die die Gewichtskraft F der Welle aufnehmen können.

Beispiel 46: R e y n o l d s -Zahl bei der Gleitlagerströmung

Gegeben ist nach Abb. 86 ein Gleitlager mit folgenden Daten: $R_i = 0,06$ m, $R_a - R_i = 0,1$ mm.
Drehzahl: $n = 500$ U/min, kinematische Viskosität des Öls: $\nu = 4 \cdot 10^{-4}$ m²/s.
Wie groß ist die *Reynolds*-Zahl der Spaltströmung, gebildet mit der Umfangsgeschwindigkeit und der Spaltweite?

Lösung:

Umfangsgeschwindigkeit:

$$U = 2 \pi \, n \, R_i = 2 \pi \, (500/60s) \, 0{,}06 \, m = 3{,}1 \, m/s \;.$$

Reynolds-Zahl:

$$Re = \frac{U(R_a - R_i)}{\nu} = \frac{(3{,}1 \, m/s) \cdot 10^{-4} m}{4 \cdot 10^{-4} \, m^2/s} = 0{,}78 \;.$$

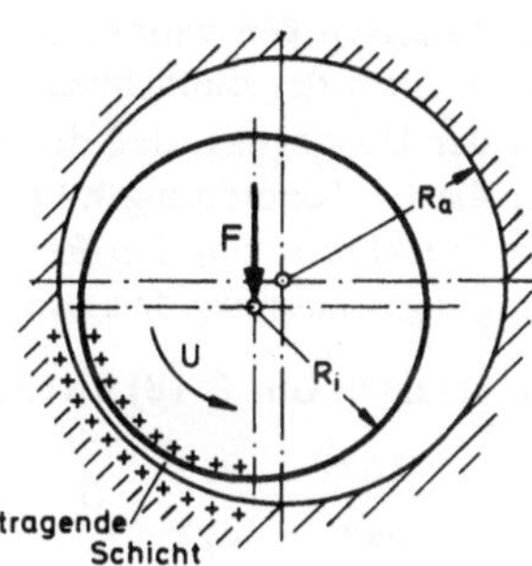

Abb. 86:
Strömung in einem Gleitlager

Beispiel 47: Gleitschuh-Strömung

Ein Gleitschuh der Breite b und der Länge *l* bewegt sich mit der Geschwindigkeit U entsprechend Abb. 87a nach links über einer ebenen Führung. In dem sehr schmalen keilförmigen Spalt ($h_1/l \ll 1$, $K = (h_1 - h_2)/h_1 \ll 1$) befindet sich ein Schmiermittel mit der Viskosität η. Wie groß ist die Druckkraft, die vom Gleitschuh auf das Schmiermittel ausgeübt wird?

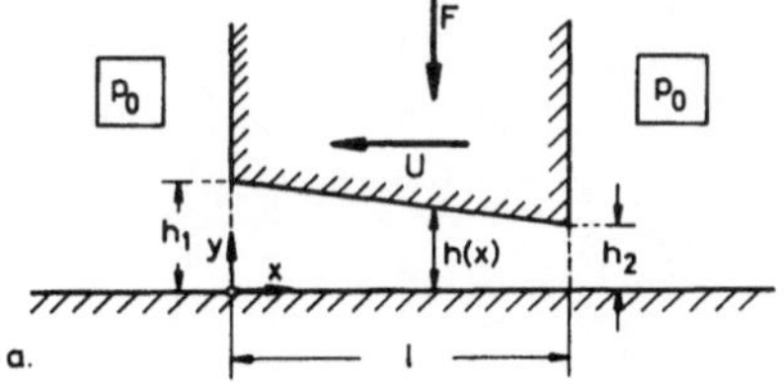

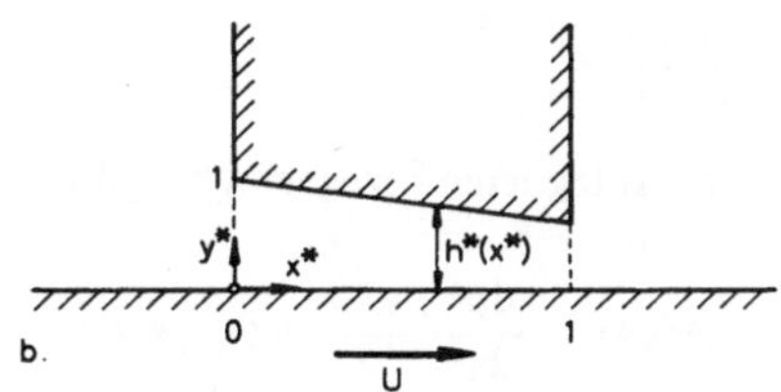

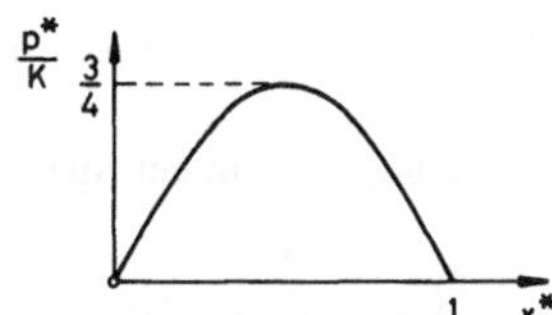

Abb. 87:
Strömung am Gleitschuh
a Bezeichnungen, dimensionsbehaftet
b Bezeichnungen, dimensionslos
c Druckverteilung

Lösung:

Es werden folgende dimensionslose Größen in einem Koordinatensystem eingeführt, das mit dem Gleitschuh fest verbunden ist (Abb. 87b):

$$x^* = \frac{x}{l}, \qquad y^* = \frac{y}{h_1}, \qquad h^*(x^*) = \frac{h(x)}{h_1},$$

$$u^* = \frac{u}{U}, \qquad v^* = \frac{v}{U\frac{h_1}{l}}, \qquad p^* = \frac{p - p_0}{\eta\,\frac{U\,l}{h_1{}^2}}.$$

Die Bezugsgrößen wurden nach folgenden Gesichtspunkten ausgewählt. Die neuen Koordinaten sollen der Einfachheit halber von null bis eins variieren. Die Bezugsgröße von v folgt aus der Überlegung, daß die Stromlinien etwa die Neigung des Gleitschuhs haben, d.h. v/u hat die Größenordnung h_1/l. Die Bezugsgröße für den Druck folgt aus dem Gleichgewicht der Druckkräfte mit den Reibungskräften, die nach Gln. (74) und (260) in ihrer Größenordnung abgeschätzt werden können.

Damit lauten Gln. (318) bis (320)

$$\frac{\partial u^*}{\partial x^*} + \frac{\partial v^*}{\partial y^*} = 0 \tag{324}$$

$$\frac{\partial p^*}{\partial x^*} = \left(\frac{h_1}{l}\right)^2 \frac{\partial^2 u^*}{\partial x^{*2}} + \frac{\partial^2 u^*}{\partial y^{*2}} \tag{325}$$

$$\frac{\partial p^*}{\partial y^*} = \left(\frac{h_1}{l}\right)^4 \frac{\partial^2 v^*}{\partial x^{*2}} + \left(\frac{h_1}{l}\right)^2 \frac{\partial^2 v^*}{\partial y^{*2}}. \tag{326}$$

Für den hier interessierenden Grenzfall $(h_1/l) \to 0$ vereinfachen sich die Gleichungen wesentlich. Nach Gl. (326) ist $p^* = p^*(x^*)$ von y^* unabhängig. Gl. (325) lautet

$$\frac{\partial^2 u^*}{\partial y^{*2}} = \frac{dp^*}{dx^*}.$$

Zweimaliges Integrieren bezüglich y^* ergibt:

$$u^*(y^*) = \frac{dp^*}{dx^*}\,\frac{y^{*2}}{2} + C_1\,y^* + C_2.$$

Die Integrationskonstanten folgen aus den Randbedingungen $u^*(0) = 1$ und $u^*(h^*) = 0$. Damit lautet die Geschwindigkeitsverteilung:

$$u^*(x^*, y^*) = \frac{1}{2}\frac{dp^*}{dx^*}(y^* - h^*)y^* - \frac{y^* - h^*}{h^*}. \tag{327}$$

Den bezogenen Volumenstrom der Spaltströmung erhält man durch eine Integration:

$$Q^* = \frac{Q}{Uh_1 b} = \int_0^{h^*} u^*\,dy^* = \frac{1}{2}\,h^* - \frac{1}{12}\,h^{*3}\,\frac{dp^*}{dx^*}.$$

Wegen $Q^* = $ konst. (Kontinuitätsgleichung) kann daraus bei vorgegebener Spaltgeometrie $h^*(x^*)$ die Druckverteilung errechnet werden:

$$p^*(x^*) = \int_0^{p^*} dp = 12 \int_0^{x^*} \left(\frac{h^*(x^*)}{2} - Q^* \right) \frac{dx^*}{h^{*3}(x^*)} \; . \tag{328}$$

Die Gln. (327) und (328) gelten allgemein für eine beliebige Spaltgeometrie $h^*(x^*)$.

Für dieses Beispiel folgt mit

$$h^*(x^*) = 1 - K\, x^*$$

aus Gl. (328):

$$p^*(x^*) = 6\, \frac{x^*}{h^*} \left(1 - \frac{1 + h^*}{h^*} \, Q^* \right) \; . \tag{329}$$

An beiden Rändern des Gleitschuhs herrscht der Umgebungsdruck, also $p^*(0) = p^*(1) = 0$. Daraus folgt:

$$Q^* = \frac{h^*(1)}{1 + h^*(1)} = \frac{1 - K}{2 - K} \approx \frac{1}{2} \; .$$

Damit lautet Gl. (329):

$$p^*(x^*) = \frac{6K}{2 - K} \, \frac{x^*(1 - x^*)}{(1 - Kx^*)^2} \approx 3\, K\, x^*(1 - x^*).$$

Für kleine K-Werte erhält man einen parabolischen Verlauf des Druckes (Abb. 87c). Integration des Druckes liefert die Druckkraft

$$F = \frac{1}{2} \, K\, \eta \, U\, b \left(\frac{l}{h_1} \right)^2. \tag{330}$$

Sie ist proportional $(l/h_1)^2$, bei kleinen Spaltweitenverhältnissen $(h_1/l) \to 0$ entstehen danach beträchtliche Druckkräfte. Für $h_1 = h_2$, d.h. für $K = 0$, verschwindet diese Kraft. Die Neigung des Gleitschuhs ist also entscheidend für die Entstehung der Druckkraft.

Die Berechnung eines Gleitlagers nach Abb. 86 verläuft im Prinzip ähnlich wie beim Gleitschuh. Die exzentrische Anordnung des Zapfens im Lager ist auch dort Voraussetzung für die Wirksamkeit des Gleitlagers.

16. Laminare Grenzschichtströmungen (Große *Reynolds*-Zahlen)

16.1. *Grenzschichtgleichungen*

Es werden Lösungen der allgemeinen Bewegungsgleichungen, Gln. (253), (264) und (265), für sehr kleine Viskosität, also für sehr große *Reynolds*-Zahlen gesucht. Setzt man in den Bewegungsgleichungen $\eta = 0$, dann ergeben sich die

Euler-schen Bewegungsgleichungen. Wie in Kap. 14 gezeigt wurde, erfüllen die Lösungen der *Euler*schen Bewegungsgleichungen, also insbesondere die Potentialströmungen, nicht die Haftbedingung. Deshalb gelten diese nicht in Wandnähe. Wie bereits in Kap. 12.4 erläutert, bildet sich an der Wand eine Grenzschichtströmung aus, welche die Haftbedingung erfüllt. Das gesamte Strömungsfeld der Strömungen mit hohen *Reynolds*-Zahlen besteht danach aus zwei Bereichen: einer *äußeren Strömung*, die reibungslos ist, und einer inneren Strömung, der *wandnahen Grenzschicht*, die für Erfüllen der Haftbedingung sorgt. Beide Strömungsfelder müssen in geeigneter Weise aneinander angepaßt werden.

Im Grenzschichtbereich müssen nicht die vollständigen Bewegungsgleichungen gelöst werden, sondern diese reduzieren sich im Grenzschichtbereich auf die *Grenzschichtgleichungen*.

Zur Herleitung dieser Gleichungen werden wieder dimensionslose Größen eingeführt. In Gl. (240) kam bereits zum Ausdruck, daß die bezogene Grenzschichtdicke δ/l eine Funktion der *Reynolds*-Zahl ist. Wie sich nachträglich bestätigen wird, lautet für laminare Grenzschichten diese Abhängigkeit:

$$\frac{\delta(x)}{l} = \frac{1}{\sqrt{Re}} \, F_1\left(\frac{x}{l}\right) \tag{331}$$

mit

$$Re = \frac{\rho \, U_\infty l}{\eta} \; . \tag{332}$$

Da der Wandabstand y von der Größenordnung $\delta(x)$ ist, bietet sich $l/\sqrt{Re}$ als Bezugsgröße für y an. Die Neigung der Stromlinien, also v/u, wird die Größenordnung der relativen Dicke $\delta/l \sim 1/\sqrt{Re}$ der stetig wachsenden Grenzschicht besitzen (Abb. 88). Damit erhält man folgende dimensionslose Größen:

$$x^* = \frac{x}{l}, \quad y^* = \frac{y}{l}\sqrt{Re},$$

$$u^* = \frac{u}{U_\infty}, \quad v^* = \sqrt{Re}\,\frac{v}{U}, \quad p^* = \frac{p - p_\infty}{\rho U_\infty^2} \; . \tag{333}$$

Geht man damit in die allgemeinen Bewegungsgleichungen, Gln. (253), (264) und (265), ergibt sich:

$$\frac{\partial u^*}{\partial x^*} + \frac{\partial v^*}{\partial y^*} = 0$$

$$u^* \frac{\partial u^*}{\partial x^*} + v^* \frac{\partial u^*}{\partial y^*} = -\frac{\partial p^*}{\partial x^*} + \frac{1}{Re}\frac{\partial^2 u^*}{\partial x^{*2}} + \frac{\partial^2 u^*}{\partial y^{*2}}$$

$$\frac{1}{Re}\left(u^* \frac{\partial v^*}{\partial x^*} + v^* \frac{\partial v^*}{\partial y^*}\right) = -\frac{\partial p^*}{\partial y^*} + \frac{1}{Re^2}\frac{\partial^2 v^*}{\partial x^{*2}} + \frac{1}{Re}\frac{\partial^2 v^*}{\partial y^{*2}} \; .$$

Für Re → ∞ verschwinden alle Glieder mit dem Faktor 1/Re bzw. 1/Re². Geht man wieder auf dimensionsbehaftete Größen zurück, erhält man die *Grenzschichtgleichungen*:

$$\frac{\partial u}{\partial x} + \frac{\partial v}{\partial y} = 0 \tag{334}$$

$$\rho \left(u\,\frac{\partial u}{\partial x} + v\,\frac{\partial u}{\partial y} \right) = -\frac{dp}{dx} + \eta\,\frac{\partial^2 u}{\partial y^2} \tag{335}$$

$$\frac{\partial p}{\partial y} = 0 \,. \tag{336}$$

Aus Gl. (336) folgt die schon in Kap. 12.4 erwähnte wichtige Grenzschichteigenschaft, daß der Druck quer zur Strömungsrichtung in der Grenzschicht konstant ist. Er wird von der reibungslosen Außenströmung aufgeprägt und kann daher für die Grenzschichtberechnung als bekannt vorausgesetzt werden. Da also p = p(x) nur von x abhängt, wurde in Gl. (335) im Druckglied normale Ableitung geschrieben. In Gl. (335) ergab sich darüber hinaus eine Vereinfachung im Reibungsglied. Dieses ist nicht ganz fortgefallen. In der dünnen Grenzschicht ist der Impulsaustausch in Strömungsrichtung $\partial^2 u/\partial x^2$ vernachlässigbar klein gegenüber dem Impulsaustausch in Querrichtung $\partial^2 u/\partial y^2$. Durch die Wahl der Bezugsgrößen, also letztlich durch den einzig möglichen Ansatz Gl. (331) für die Grenzschichtdicke, sind die Reibungskräfte nicht verschwunden, sondern durch ihren wesentlichen Term $\eta\,(\partial^2 u/\partial y^2)$ in der Grenzschichtgleichung verblieben. Bei bekannter Druckverteilung sind die Gln. (334) und (335) zwei Gleichungen für die unbekannten Geschwindigkeitskomponenten u(x,y) und v(x,y) in der Grenzschicht. Wie bereits in Kap. 12 erwähnt, ist die Grenzschichtdicke sehr klein gegenüber dem Krümmungsradius der Körperkontur. Damit gelten die Grenzschichtgleichungen für allgemeine Körperformen, wenn von extrem scharfen Kanten in der Kontur abgesehen wird. Das Koordinatensystem kann dann entsprechend der Kontur gebogen werden, so daß die x-Koordinate der Kontur folgt, Abb. 88.

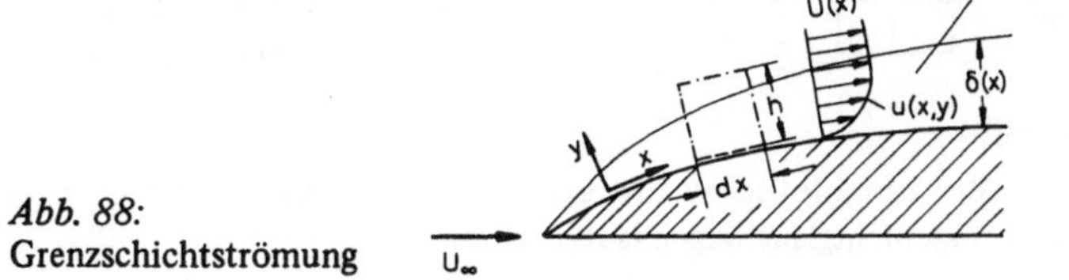

Abb. 88:
Grenzschichtströmung

Durch das Glied dp/dx in Gl. (335) erfolgt das Anpassen der Grenzschichtströmung mit der Außenströmung. Ist die Geschwindigkeitsverteilung der Außenströmung (Potentialströmung) U(x), dann liefert die *Bernoulli*-Gleichung

$$\frac{\rho}{2}\, U^2(x) + p(x) = \text{konst.}$$

Differentiation ergibt

$$\frac{dp}{dx} = -\rho\, U\, \frac{dU}{dx}\,. \tag{337}$$

Damit lauten die beiden Grenzschichtgleichungen

$$\frac{\partial u}{\partial x} + \frac{\partial v}{\partial y} = 0 \tag{338}$$

$$u\, \frac{\partial u}{\partial x} + v\, \frac{\partial u}{\partial y} = U\, \frac{dU}{dx} + \nu\, \frac{\partial^2 u}{\partial y^2}\,. \tag{339}$$

Dazu gehören die Randbedingungen an der Wand

$$y = 0: \qquad u = 0, \qquad v = v_w(x) \tag{340}$$

und am Außenrand der Grenzschicht

$$y = \delta: \qquad u = U(x)\,. \tag{341}$$

Dabei ist $v_w(x)$ von null verschieden für Ausblasen ($v_w > 0$) oder **Absaugen** ($v_w < 0$).

Die Lösung der Gleichungen (338) bis (341) ist Aufgabe der *Grenzschichttheorie*.

Beispiel 48: Asymptotische Absaugeströmung

An einer längsangeströmten ebenen Platte wird an der Wand mit der konstanten Normalgeschwindigkeit $v_w < 0$ abgesaugt, Abb. 89. Sehr weit stromabwärts stellt sich eine asymptotische Strömung mit konstanter Grenzschichtdicke ein. Welche Geschwindigkeitskomponenten ergeben sich?

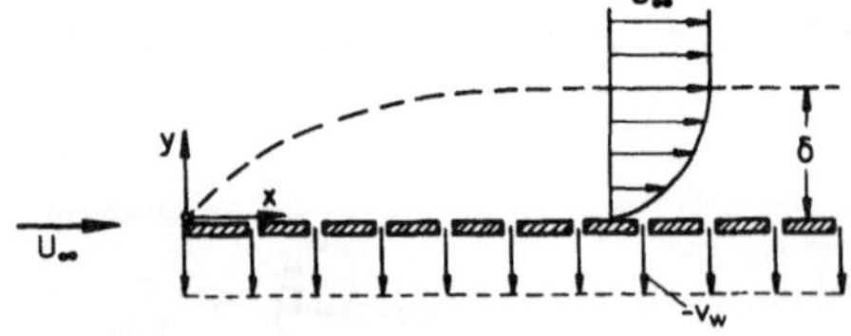

Abb. 89:
Die längsangeströmte ebene Platte mit homogener Absaugung

Lösung:

Wegen des asymptotischen Charakters der Strömung verschwinden alle Ableitungen nach x. Die Grenzschichtgleichungen lauten dann:

$$\frac{dv}{dy} = 0$$

$$v\, \frac{du}{dy} = \nu\, \frac{d^2 u}{dy^2}\,.$$

Aus der ersten Gleichung folgt $v = v_w = $ konst. Die zweite Gleichung ist eine gewöhnliche lineare Differentialgleichung zweiter Ordnung mit konstanten Koeffizienten. Dafür lautet die Lösung:

$$\frac{u(y)}{U_\infty} = 1 - e^{\frac{v_w y}{\nu}} \; .$$

(342)

Diese Geschwindigkeitsverteilung heißt *asymptotisches Absaugeprofil*. Für die Wandschubspannung erhält man nach Gl. (74):

$$\tau_w = \eta \left(\frac{du}{dy}\right)_{y=0} = \rho \, (- v_w) \, U_\infty \; .$$

(343)

Demnach ist τ_w unabhängig von der Viskosität. Der Reibungswiderstand ist hier reiner *Senkenwiderstand*, der dem Impuls des abgesaugten Fluids entspricht.

16.2. Impulssatz der Grenzschicht

Für den in Abb. 88 eingezeichneten quaderförmigen Kontrollraum der Länge dx, der Höhe h und der Breite b wird der Impulssatz angewendet. Statt die in Kap. 10 angegebenen Formeln zu benutzen, kann man den Impulssatz auch aus den Grenzschichtgleichungen durch eine Integration in y-Richtung von $y = 0$ bis $y = h$ erhalten.

Zunächst folgt aus Gl. (338) für undurchlässige Wand ($v_w = 0$):

$$v\,(x, y) = - \int\limits_0^y \frac{\partial u}{\partial x} \, dy \; .$$

Damit wird Gl. (339):

$$u \, \frac{\partial u}{\partial x} - \left(\int\limits_0^y \frac{\partial u}{\partial x} \, dy \right) \frac{\partial u}{\partial y} - U \, \frac{dU}{dx} = \nu \, \frac{\partial^2 u}{\partial y^2} \; .$$

Integration über y liefert

$$\int\limits_0^h \left[u \, \frac{\partial u}{\partial x} - \left(\int\limits_0^y \frac{\partial u}{\partial x} \, dy \right) \frac{\partial u}{\partial y} - U \, \frac{dU}{dx} \right] dy = - \frac{\tau_w}{\rho} \; .$$

Dabei wurde benutzt, daß $y = h$ in der reibungslosen Außenströmung liegt und deshalb die Schubspannung dort verschwindet.
Durch partielle Integration läßt sich das zweite Glied auf der linken Seite umformen:

$$\int_0^h \left(\int_0^y \frac{\partial u}{\partial x}\, dy \right) du = \left[u \int_0^y \frac{\partial u}{\partial x}\, dy \right]_0^h - \int_0^h u\, \frac{\partial u}{\partial x}\, dy$$

$$= U \int_0^h \frac{\partial u}{\partial x}\, dy - \int_0^h u\, \frac{\partial u}{\partial x}\, dy \ .$$

Wird das eingesetzt, erhält man

$$\int_0^h \left[2\, u\, \frac{\partial u}{\partial x} - U\, \frac{\partial u}{\partial x} - U\, \frac{dU}{dx} \right] dy = - \frac{\tau_w}{\rho} \ .$$

Dafür kann auch geschrieben werden:

$$\int_0^h \frac{\partial}{\partial x} \left[u\,(U - u) \right] dy + \frac{dU}{dx} \int_0^h (U - u)\, dy = \frac{\tau_w}{\rho} \tag{344}$$

Definition 46:

Für das Geschwindigkeitsprofil in einer Grenzschicht werden die folgenden Längen definiert:

Verdrängungsdicke δ_1 :

$$\delta_1 U = \int_0^\delta (U - u)\, dy \ . \tag{345}$$

Impulsverlustdicke δ_2 :

$$\delta_2 U^2 = \int_0^\delta u\,(U - u)\, dy \ . \tag{346}$$

Da außerhalb der Grenzschicht, $y > \delta$, $(U - u)$ verschwindet, können die oberen Grenzen auch bis h oder bis ∞ verschoben werden. Führt man die Größen δ_1 und δ_2 in Gl. (344) ein, erhält man den *Impulssatz für inkompressible Grenzschichten*:

$$\frac{d}{dx}\,(U^2\, \delta_2) + \delta_1\, U\, \frac{dU}{dx} = \frac{\tau_w}{\rho} \ . \tag{347}$$

Da über Einzelheiten der Strömung im Innern des Kontrollraumes keine Annahmen getroffen worden sind, gilt dieser Impulssatz für laminare *und* turbulente Grenzschichten (vgl. Kap. 17.5).

16.3. Näherungslösung für die laminare Plattengrenzschicht

Für die laminare Grenzschicht an der längsangeströmten ebenen Platte wird eine Näherungslösung entwickelt. Grundlage bildet der Impulssatz, Gl. (347), der für die ebene Platte ($U = U_\infty =$ konst.) lautet:

$$\tau_{\mathrm{w}} = \rho \, U_\infty^2 \, \frac{d\delta_2}{dx} \, . \tag{348}$$

Die Wandschubspannung ist proportional zum Anstieg der Impulsverlustdicke. Da sich δ_2 bis auf einen Faktor wie die Grenzschichtdicke verhält, ist die Zunahme der Grenzschichtdicke ein direktes Maß für die Wandschubspannung. Der Reibungswiderstand ist damit

$$W = b \int_0^l \tau_{\mathrm{w}}(x) \, dx = \rho \, U_\infty^2 \, b \, \delta_2(l) \, . \tag{349}$$

Die Impulsverlustdicke an der Plattenhinterkante ist ein Maß für den Plattenwiderstand.

Für die unbekannte Geschwindigkeitsverteilung u(x,y) in der Grenzschicht wird ein Näherungsansatz gewählt. Damit läßt sich τ_{w} und δ_2 durch die Grenzschichtdicke δ ersetzen, und Gl. (348) wird zu einer Bestimmungsgleichung für $\delta(x)$.

Als Ansatz für das Geschwindigkeitsprofil dient

$$u(x, y) = U_\infty \sin \left(\frac{\pi}{2} \, \frac{y}{\delta(x)} \right). \tag{350}$$

Die Definition von $\delta_2(x)$ nach Gl. (346) ergibt

$$\delta_2(x) = \left(\frac{2}{\pi} - \frac{1}{2} \right) \delta(x) = 0{,}14 \, \delta(x) \, . \tag{351}$$

Wie bereits erwähnt, besteht Proportionalität zwischen $\delta_2(x)$ und $\delta(x)$.
Die Wandschubspannung folgt aus Gl. (74) zu

$$\tau_{\mathrm{w}} = \eta \left(\frac{\partial u}{\partial y} \right)_{y=0} = \frac{\pi}{2} \, \eta \, U_\infty \, \frac{1}{\delta(x)} \, . \tag{352}$$

Satz 44: Die Wandschubspannung in der laminaren Plattengrenzschicht ist umgekehrt proportional zur Grenzschichtdicke. Je dünner die Grenzschicht ist, desto größer ist die Wandschubspannung.

Setzt man Gln. (351) und (352) in Gl. (348) ein, so erhält man eine Differentialgleichung für $\delta(x)$:

$$\frac{\pi}{0{,}14} \, \frac{\eta}{\rho \, U_\infty} = 2\delta \, \frac{d\delta}{dx} = \frac{d(\delta^2)}{dx} \, . \tag{353}$$

Integration ergibt die Grenzschichtdicke

$$\delta(x) = \sqrt{\frac{\pi}{0{,}14} \, \frac{\nu x}{U_\infty}} = 4{,}75 \sqrt{\frac{\nu x}{U_\infty}} \tag{354}$$

oder

$$\frac{\delta(x)}{l} = \frac{4,75}{\sqrt{Re}}\sqrt{\frac{x}{l}} \, . \tag{355}$$

Das entspricht Gl. (331). Die Grenzschichtdicke entwickelt sich proportional zu $\sqrt{x}$. Die Grenzschicht wächst nahe der Vorderkante sehr schnell, weiter stromabwärts nimmt die Grenzschichtdicke immer langsamer zu.

Dementsprechend ist der Verlauf der Wandschubspannung. Es gilt nach Gl. (239) für den Reibungsbeiwert

$$c_f = \frac{\tau_w}{\frac{\rho}{2} U_\infty^2} = \frac{0,664}{\sqrt{Re}}\sqrt{\frac{l}{x}} \, .$$

Der Reibungsbeiwert ist proportional $1/\sqrt{x}$, also sehr groß in der Nähe der Plattenvorderkante.

Mit diesem Ergebnis erhält man den Widerstandsbeiwert für die einseitig benetzte Platte nach Gln. (243) und (349):

$$c_W = \frac{W}{\frac{\rho}{2} U_\infty^2 \, b \, l} = \frac{2 \cdot 0,14 \cdot 4,75}{\sqrt{Re}} = \frac{1,33}{\sqrt{Re}} \, . \tag{356}$$

Dieses Gesetz heißt *Widerstandsgesetz von B l a s i u s*. Es ist in Abb. 65 eingezeichnet und gilt für $Re < 5 \cdot 10^5$. Eine genaue Rechnung ändert in Gl. (356) lediglich den Zahlenwert geringfügig.

Beispiel 49: Grenzschichtdicke am Laminarprofil

Wie groß ist die Grenzschichtdicke an der Hinterkante des Tragflügels in Beispiel 35, (Kap. 12.6), wenn die Grenzschicht bis zur Hinterkante laminar ist (*Laminarprofil*) und das Profil näherungsweise durch eine ebene Platte ersetzt werden kann?
($l = 0,8$ m, $U_\infty = 55,5$ m/s, $\nu = 15 \cdot 10^{-6}$ m²/s).

Lösung:

Nach Gl. (355) gilt für $x = l$:

$$\delta(l) = \frac{4,75}{\sqrt{Re}} \, l$$

$$= \frac{4,75 \cdot 0,8 \text{ m}}{\sqrt{\dfrac{55,5 \cdot 0,8}{15 \cdot 10^{-6}}}} = 2,2 \cdot 10^{-3} \text{ m} = 2,2 \text{ mm} \, .$$

17. Turbulente Strömungen

17.1. Gleichungen für turbulente Grenzschichten

In Kap. 12.1 wurde bereits auf die wichtige Strömungsform der Turbulenz hingewiesen. Wesentliches Merkmal einer turbulenten Strömung ist eine zufallsbedingte Schwankungsbewegung, die der geordneten Grundströmung überlagert ist. Obwohl eine turbulente Strömung stets instationär ist, spricht man dennoch von *stationärer turbulenter Strömung*, wenn die geordnete Grundströmung von der Zeit unabhängig ist. Dies wird in diesem Kapitel angenommen.
Nach dem Geschwindigkeitsschrieb in Abb. 58b, rechts, lassen sich die Geschwindigkeitskomponenten und auch der Druck in einer stationären turbulenten Strömung in einen zeitlichen Mittelwert und in einen von der Zeit abhängigen Schwankungswert aufteilen:

$$u(x, y, t) = \bar{u}(x, y) + u'(x, y, t)$$

$$v(x, y, t) = \bar{v}(x, y) + v'(x, y, t) \tag{357}$$

$$p(x, y, t) = \bar{p}(x, y) + p'(x, y, t)$$

Definition 47:
Der zeitliche Mittelwert ist definiert als:

$$\bar{u}(x, y) = \frac{1}{t_0} \int_0^{t_0} u(x, y, t)\, dt \, . \tag{358}$$

Dabei ist t_0 eine genügend lange Zeit (etwa einige Sekunden). Die Geschwindigkeitskomponente steht hier stellvertretend für jede beliebige Strömungsgröße.

Nach dieser Definition gilt

$$\overline{u'} = \frac{1}{t_0} \int_0^{t_0} u'(x, y, t)\, dt = 0 \tag{359}$$

und analog $\overline{v'} = \overline{p'} = 0$.

Der Einfachheit halber werden hier nicht die vollständigen Bewegungsgleichungen für turbulente Strömungen, sondern nur die Gleichungen für turbulente Grenzschichten hergeleitet. Dafür ist dann der Druck eine von der Außenströmung aufgeprägte gegebene Größe, die keiner Schwankung unterliegt. Grundlage bilden die beiden Grenzschichtgleichungen, Gln. (338) und (339), für die beiden Geschwindigkeitskomponenten. Geht man mit den Ansätzen nach Gl. (357) in diese Gleichungen ein, folgt:

$$\frac{\partial \overline{u}}{\partial x} + \frac{\partial \overline{v}}{\partial y} + \frac{\partial u'}{\partial x} + \frac{\partial v'}{\partial y} = 0 \tag{360}$$

$$\overline{u}\,\frac{\partial \overline{u}}{\partial x} + u'\,\frac{\partial \overline{u}}{\partial x} + \overline{u}\,\frac{\partial u'}{\partial x} + u'\,\frac{\partial u'}{\partial x}$$

$$+\,\overline{v}\,\frac{\partial \overline{u}}{\partial y} + v'\,\frac{\partial \overline{u}}{\partial y} + \overline{v}\,\frac{\partial u'}{\partial y} + v'\,\frac{\partial u'}{\partial y} = U\,\frac{dU}{dx} + \nu\left(\frac{\partial^2 \overline{u}}{\partial y^2} + \frac{\partial^2 u'}{\partial y^2}\right). \tag{361}$$

Wird jetzt eine zeitliche Mittelung dieser beiden Gleichungen vorgenommen, d.h. wird für jedes Glied der Gleichungen die Vorschrift nach Gl. (358) analog angewendet, dann ergibt sich wegen Gl. (359):

$$\frac{\partial \overline{u}}{\partial x} + \frac{\partial \overline{v}}{\partial y} = 0 \tag{362}$$

$$\overline{u}\,\frac{\partial \overline{u}}{\partial x} + \overline{v}\,\frac{\partial \overline{u}}{\partial y} = U\,\frac{dU}{dx} + \nu\,\frac{\partial^2 \overline{u}}{\partial y^2} - \left(\overline{u'\,\frac{\partial u'}{\partial x}} + \overline{v'\,\frac{\partial u'}{\partial y}}\right). \tag{363}$$

Bis auf den Klammerausdruck auf der rechten Seite stimmen die Gleichungen für die (zeitlich) mittlere Strömung einer turbulenten Grenzschicht mit denen einer laminaren Grenzschicht überein.

Streng genommen fehlt in Gl. (361) noch ein Glied, das bei instationären Strömungen auftritt (vgl. Kap. 18). Bei der zeitlichen Mittelung fällt es jedoch wieder heraus, so daß sich an den Gleichungen (362) und (363) bei stationären turbulenten Grenzschichten nichts ändert.

Der Vergleich der Gln. (360) und (362) besagt, daß auch die Schwankungsbewegung die Kontinuitätsgleichung erfüllt:

$$\frac{\partial u'}{\partial x} + \frac{\partial v'}{\partial y} = 0\,. \tag{364}$$

Der Klammerausdruck in Gl. (363) läßt sich dann wie folgt umformen:

$$\overline{u'\,\frac{\partial u'}{\partial x}} + \overline{v'\,\frac{\partial u'}{\partial y}} = \frac{1}{2}\,\overline{\frac{\partial\,(u'^2)}{\partial x}} + \overline{\frac{\partial\,(u'\,v')}{\partial y}} - \overline{u'\,\frac{\partial v'}{\partial y}}$$

$$= \frac{1}{2}\,\overline{\frac{\partial\,(u'^2)}{\partial x}} + \overline{\frac{\partial\,(u'\,v')}{\partial y}} + \overline{u'\,\frac{\partial u'}{\partial x}}$$

$$= \overline{\frac{\partial\,(u'\,v')}{\partial y}} + \overline{\frac{\partial\,(u'^2)}{\partial x}}\,. \tag{365}$$

Da sich die Grenzschichtgrößen in x-Richtung nur sehr schwach ändern im Vergleich zur Querrichtung, gilt in guter Näherung

$$\overline{\frac{\partial\,(u'^2)}{\partial x}} \ll \overline{\frac{\partial\,(u'\,v')}{\partial y}}\,. \tag{366}$$

Damit lautet Gl. (363)

$$\bar{u}\,\frac{\partial \bar{u}}{\partial x} + \bar{v}\,\frac{\partial \bar{u}}{\partial y} = U\,\frac{dU}{dx} + \nu\,\frac{\partial^2 \bar{u}}{\partial y^2} - \frac{\partial}{\partial y}\,\overline{(u'\,v')}\,. \tag{367}$$

Definition 48:

Als *turbulente Schubspannung* bezeichnet man den Ausdruck:

$$\tau_t = -\rho\,\overline{u'\,v'}\,. \tag{368}$$

Die turbulente Schubspannung τ_t ist eine Folge des Impulsaustausches durch die turbulente Schwankungsbewegung. Die Wirkung ist die gleiche wie in einer laminaren Strömung mit erhöhter Viskosität. Man spricht daher von *turbulenter Scheinreibung*. Das Glied $\overline{u'v'}$ ist im allgemeinen negativ. Schreibt man für die Schubspannung nach dem *Newton*schen Reibungsgesetz, Gl. (74),

$$\tau_v = \eta\,\frac{\partial \bar{u}}{\partial y}\,, \tag{369}$$

dann erhält man aus Gl. (367)

$$\bar{u}\,\frac{\partial \bar{u}}{\partial x} + \bar{v}\,\frac{\partial \bar{u}}{\partial y} = U\,\frac{dU}{dx} + \frac{1}{\rho}\,\frac{\partial \tau}{\partial y}\,. \tag{370}$$

Dabei gilt

$$\tau = \tau_v + \tau_t = \eta\,\frac{\partial \bar{u}}{\partial y} - \rho\,\overline{u'v'}\,. \tag{371}$$

Die Gl. (370) gilt formal für laminare und für turbulente Grenzschichten. Während sich im laminaren Fall τ allein aus dem *Newton*schen Reibungsgesetz, Gl. (74), ergibt, wird im turbulenten Fall τ noch durch die turbulente Schubspannung, Gl. (368), erweitert.

Formal läßt sich Gl. (371) auch schreiben:

$$\tau = \rho\,(\nu + \nu_t)\,\frac{\partial \bar{u}}{\partial y} \tag{372}$$

mit

$$\nu_t = -\frac{\overline{u'v'}}{\dfrac{\partial \bar{u}}{\partial y}}\,. \tag{373}$$

Dabei heißt ν_t die *scheinbare kinematische Viskosität*. Im Gegensatz zur laminaren Strömung ist ν_t kein konstanter Stoffwert, sondern eine von der Geometrie der Strömung abhängige Ortsfunktion. Die Hauptschwierigkeit in der Theorie der turbulenten Grenzschichten ist das Aufstellen von Formeln für τ_t. Es muß dafür ein Zusammenhang zwischen der turbulenten Schwankungsbewegung, repräsentiert durch das Glied $\overline{u'v'}$, und der durch $\bar{u}(x,y)$, $\bar{v}(x,y)$ beschriebenen mittleren Bewegung in der Strömung gefunden werden. Dieser Zusammenhang kann bis heute nur auf empirischem oder halbempirischem Wege gewonnen werden (*Turbulenzmodellierung*).

Satz 45: Die Gleichungen für turbulente Grenzschichten stimmen formal mit denen für laminare Grenzschichten überein. Zur Schubspannung τ_v infolge der Viskosität des Fluids kommt die turbulente Schubspannung τ_t hinzu, die den Impulsaustausch infolge der turbulenten Schwankungsbewegung wiedergibt.

Ein Maß für die Intensität der Turbulenz gibt folgende

Definition 49:

Der *Turbulenzgrad* einer Strömung ist gegeben durch die Beziehung

$$\mathrm{Tu} = \frac{\sqrt{\frac{1}{3}\left(\overline{u'^2} + \overline{v'^2} + \overline{w'^2}\right)}}{U_\infty} \, . \tag{374}$$

Dabei sind u', v' und w' die Komponenten der turbulenten Schwankungsgeschwindigkeit. Bei *isotroper* Turbulenz gilt

$$\overline{u'^2} = \overline{v'^2} = \overline{w'^2}$$

und daher für den Turbulenzgrad

$$\mathrm{Tu} = \frac{\sqrt{\overline{u'^2}}}{U_\infty} \, . \tag{375}$$

In turbulenten Strömungen hat der Turbulenzgrad Werte von etwa $\mathrm{Tu} = 0{,}1$. Bei $\mathrm{Tu} = 0{,}5 \cdot 10^{-4}$ spricht man von *turbulenzarmen* Strömungen, wie sie beispielsweise für Strömungsuntersuchungen in *turbulenzarmen Windkanälen* erwünscht sind.

Streng genommen ist die turbulente Schwankungsbewegung stets dreidimensional. Die Komponente w' der Schwankungsgeschwindigkeit wurde jedoch nicht weiter berücksichtigt, da sie in der Gleichung für ebene turbulente Strömungen nicht auftritt.

Zur Messung der Schwankungsgeschwindigkeiten und der Größen τ_t und Tu wird vor allem das *Hitzdrahtanemometer* verwendet. Ein sehr dünner elektrisch geheizter Draht (Durchmesser etwa 2 μm) wird der Strömung ausgesetzt. Durch die Umströmung des Drahtes kühlt sich der Draht ab und verändert damit seinen elektrischen Widerstand, der gemessen wird und als Maß für die am Draht herrschende Geschwindigkeit dient. Mit mehreren Hitzdrähten und entsprechenden elektrischen Schaltungen können auch die Größen $\overline{u'v'}$ und Tu gemessen werden.

17.2. *Mischungsweghypothese von P r a n d t l*

Um die Gleichungen für die Geschwindigkeitskomponenten $\bar{u}(x,y)$ und $\bar{v}(x,y)$ der mittleren Bewegung in einer turbulenten Grenzschicht lösen zu können, muß ein Zusammenhang zwischen der in Gl. (368) definierten turbulenten Schubspannung und der mittleren Bewegung hergestellt werden. Dazu wird nach Abb. 90 ein Fluidelement in der turbulenten Grenzschicht betrachtet. Das Teilchen, das zunächst im Wandabstand y die (zeitlich) mittlere Geschwindigkeit $\bar{u}(y)$ besitzt, möge sich durch eine negative Schwankungsgeschwindigkeit $v' < 0$ um den kleinen Betrag l' der Wand nähern. Wenn es dabei seine ursprüngliche mittlere Geschwindigkeit beibehält, besitzt es gegenüber der neuen Umgebung eine um $\Delta\bar{u}$ größere Geschwindigkeit. Diese Differenz

$$\Delta\bar{u} = \bar{u}(y) - \bar{u}(y - l') = l' \frac{\partial\bar{u}}{\partial y} \tag{376}$$

ist ein Maß für die Größe der Schwankungsgeschwindigkeit u'. Im Beispiel der Abb. 90 ergibt sich für negatives v' ein positives u', das Produkt $u'v'$ ist also negativ. Bei einer Bewegung des Teilchens nach oben ($v' > 0$, $u' < 0$) würde sich für die Geschwindigkeitsdifferenz wieder Gl. (376) ergeben. Damit erhält man als zeitlichen Mittelwert

$$\overline{|u'|} = l' \frac{\partial\bar{u}}{\partial y} . \tag{377}$$

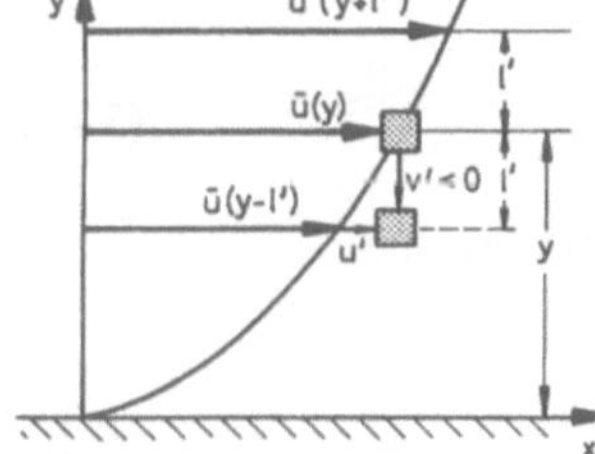

Abb. 90:
Zur Mischungsweghypothese
von *Prandtl*

Nimmt man an, daß die Geschwindigkeitsschwankungen v' in y-Richtung proportional den Schwankungen u' in x-Richtung sind, also

$$\overline{|v'|} = k_1 \overline{|u'|} = k_1 l' \left| \frac{\partial\bar{u}}{\partial y} \right| , \tag{378}$$

dann erhält man für die turbulente Schubspannung

$$\tau_t = -\rho \overline{u'v'} = \rho\, k_2 \overline{|u'|} \cdot \overline{|v'|} = \rho\, k_1\, k_2\, l'^2 \left| \frac{\partial\bar{u}}{\partial y} \right| \frac{\partial\bar{u}}{\partial y} \tag{379}$$

Setzt man

$$l^2 = k_1\, k_2\, l'^2 ,$$

dann erhält man die turbulente Schubspannung nach der *Mischungsweg-Hypothese von P r a n d t l* zu

$$\tau_t = \rho \, l^2 \left| \frac{\partial \bar{u}}{\partial y} \right| \frac{\partial \bar{u}}{\partial y} \, . \tag{380}$$

Dabei heißt l die *Mischungsweglänge*. Durch die Schreibweise in Gl. (380) ist gewährleistet, daß τ_t für $\partial\bar{u}/\partial y < 0$ negativ wird in Anlehnung an das *Newton*sche Reibungsgesetz, Gl. (74), in laminarer Strömung.

Mit Gl. (380) ist zwar formell ein Zusammenhang zwischen τ_t und der mittleren Bewegung, hier charakterisiert durch den mittleren Geschwindigkeitsgradienten $\partial\bar{u}/\partial y$, hergestellt. Die ursprüngliche Schwierigkeit ist damit jedoch nicht beseitigt, da die Mischungsweglänge $l\,(x, y)$ immer noch eine Ortsfunktion ist. Es werden nach wie vor Angaben für $l\,(x, y)$ benötigt, d.h. es bedarf einer *Turbulenz-Modellierung*.

17.3 Universelles Geschwindigkeitsverteilungsgesetz im Wandbereich

Es wird die turbulente Strömung zwischen zwei parallelen Platten nach Abb. 23, also die turbulente *Couette*-Strömung, betrachtet. Etwa bei $Re = Uh/\nu = 1500$ wird die Couette-Strömung turbulent. Die Geschwindigkeitsverteilung $\bar{u}(y)$ ist jetzt nicht mehr linear wir im laminaren Fall. Das Kräftegleichgewicht verlangt jedoch immer noch konstante Schubspannung in der gesamten Strömung. Es gilt also:

$$\tau = \eta \, \frac{d\bar{u}}{dy} + \rho \, l^2 \left(\frac{d\bar{u}}{dy} \right)^2 = \tau_W \, . \tag{381}$$

Wegen $(d\bar{u}/dy) > 0$ kann das Betragszeichen in Gl. (380) entfallen.

Definition 50:

Als *Schubspannungsgeschwindigkeit* ist definiert

$$u_\tau = \sqrt{\frac{\tau_W}{\rho}} \, . \tag{382}$$

Führt man noch die dimensionslosen Größen

$$y^+ = \frac{\rho\,u_\tau\,y}{\eta} \, , \qquad l^+ = \frac{\rho\,u_\tau\,l}{\eta} \, , \qquad u^+ = \frac{\bar{u}}{u_\tau} \tag{383}$$

ein, lautet Gl. (381):

$$\frac{du^+}{dy^+} + l^{+2} \left(\frac{du^+}{dy^+} \right)^2 = 1 \, . \tag{384}$$

Mit einer geeigneten Modellierung von $l^+\,(y^+)$ stellt Gl. (384) eine Differentialgleichung für die Geschwindigkeitsverteilung $u^+\,(y^+)$ dar.

Jedoch sind auch ohne Modellierung von $l^+(y^+)$ bereits Angaben über den Verlauf von $u^+(y^+)$ möglich, und zwar für $y^+ \to 0$ und $y^+ \to \infty$:

a) *reinviskose Schicht*, $y^+ \to 0$:

Unmittelbar an der Wand muß die turbulente Schwankungsbewegung verschwinden ($l^+ = 0$). Daher lautet die Lösung von Gl. (384)

$$u^+ = y^+ \qquad (y^+ \to 0). \tag{385}$$

b) *vollturbulente Schicht*, $y^+ \to \infty$:

Mit $y^+ \to \infty$ wird derjenige Bereich der Strömung gekennzeichnet, in dem die Viskosität gegenüber dem turbulenten Impulsaustausch keine Wirkung mehr besitzt. Daher kann der erste Term auf der linken Seite von Gl. (384) vernachlässigt werden. Es muß aber auch die Funktion $l^+(y^+)$ von der Viskosität unabhängig sein. Dieses ist der Fall, wenn l^+ proportional zu y^+ ist. Also gilt in diesem Bereich

$$l^+ = \kappa y^+ \qquad \text{oder} \quad l = \kappa y, \tag{386}$$

wobei κ eine universelle Konstante ist. Sie wird *Kármán-Konstante* genannt und hat den Wert $\kappa = 0{,}41$.

Damit folgt aus Gl. (384)

$$\frac{du^+}{dy^+} = \frac{1}{\kappa y^+} \qquad (y^+ \to \infty) \tag{387}$$

mit der Lösung

$$u^+ = \frac{1}{\kappa} \ln y^+ + C \qquad (y^+ \to \infty). \tag{388}$$

Die Integrationskonstante C ist im allgemeinen noch von der Wandrauhigkeit abhängig. Es gilt:

$$C(k_s^+) = 0{,}5 - \frac{1}{\kappa} \ln(1 + 0{,}24\, k_s^+) \tag{389}$$

mit

$$k_s^+ = \frac{\rho\, u_T\, k_s}{\eta}. \tag{390}$$

Der glatten Oberfläche entspricht $C = 5{,}0$.

Gleichung (388) gilt jedoch nicht bis zur Mittellinie der *Couette*-Strömung. Vielmehr existiert noch ein *Kernbereich*, der von der Viskosität nicht beeinflußt wird und der bei Annäherung an die Wand in den gerade behandelten Bereich übergeht. Die turbulente *Couette*-Strömung besitzt daher eine *Schichtenstruktur* mit der von der Viskosität unabhängigen Kernschicht und zwei viskosen Wandschichten mit den Geschwindigkeitsverteilungen $u^+(y^+)$. Kernschicht und viskose Wandschichten sind durch *Überlappungsschichten* verbun-

$$0 < y^* < 5 \quad : \quad \text{laminare Unterschicht}$$

$$5 < y^* < 60 \quad : \quad \text{Übergangsschicht}$$

$$60 < y^* \qquad : \quad \text{vollturbulente Schicht.}$$

Aus dieser Unterteilung ist auch sofort eine Aussage über den Einfluß der Sandrauhigkeit auf den Reibungswiderstand der längsangeströmten ebenen Platte möglich (vgl. Abb. 65). Solange k_s kleiner ist als die Dicke der laminaren Unterschicht, ist die Platte hydraulisch glatt. Ragen die Rauhigkeiten in die Übergangsschicht hinein, dann liegt Bereich 4 in Abb. 65 vor, ragen sie bis in die vollturbulente Schicht hinein, dann befindet man sich im Bereich 5 der Abb. 65.

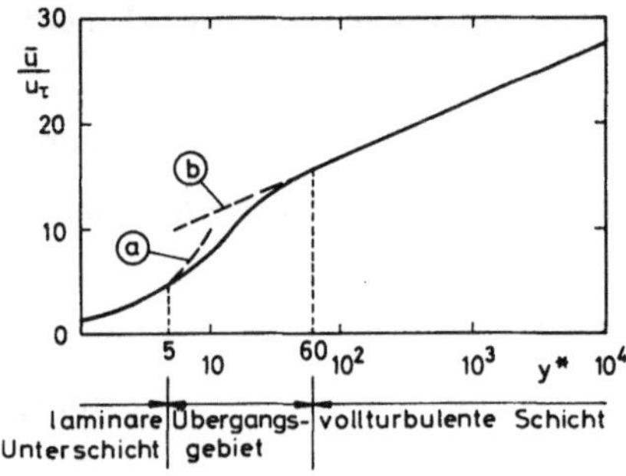

Abb. 91:
Universelles Geschwindigkeitsverteilungs-gesetz der turbulenten Grenzschicht
a : Gl. (387) b : Gl. (390).

Man nennt Gl. (390) ein *halbempirisches* Gesetz, da die Form der Gleichung aus theoretischen Überlegungen folgt und nur die Konstanten aus Messungen entnommen wurden.

17.4. *Turbulenter Freistrahl*

Ein Strahl, der entsprechend Abb. 92 aus einem Schlitz (Erstreckung b senk-recht zur Bildebene) im Koordinatenursprung in ruhende Umgebung eingeblasen wird, heißt *Freistrahl.* Für die Freistrahlströmung gelten auch die Gleichungen für turbulente Grenzschichten, Gln. (362) und (370), da die beiden Verein-fachungen, die zu den Grenzschichtgleichungen geführt haben, auch hier gelten. Die seitliche Erstreckung ist sehr klein, so daß der Impulsaustausch in Strö-mungsrichtung vernachlässigt werden kann gegenüber dem in Querrichtung ($\partial^2 \bar{u}/\partial x^2 \ll \partial^2 \bar{u}/\partial y^2$). Die Krümmung der Strömung ist vernachlässigbar klein, so daß der Druck unabhängig ist von der Querrichtung ($\partial p/\partial y = 0$). Beim Frei-strahl ist der Druck im ganzen Feld konstant. Da es sich beim turbulenten Freistrahl um eine turbulente Strömung ohne Wand handelt, spricht man auch von *freier Turbulenz.* Für diese gelten also auch die Grenzschichtgleichungen, wobei die laminare Schubspannung stets vernachlässigt werden kann.

so daß der Druck unabhängig ist von der Querrichtung ($\partial p/\partial y = 0$). Beim Freistrahl ist der Druck im ganzen Feld konstant. Da es sich beim turbulenten Freistrahl um eine turbulente Strömung ohne Wand handelt, spricht man auch von *freier Turbulenz*. Für diese gelten also auch die Grenzschichtgleichungen, wobei die viskose Schubspannung stets vernachlässigt werden kann.

Benutzt man noch Gl. (372), so erhält man für den Freistrahl die beiden folgenden Gleichungen für $\bar{u}(x,y)$ und $\bar{v}(x,y)$

$$\frac{\partial \bar{u}}{\partial x} + \frac{\partial \bar{v}}{\partial y} = 0 \tag{391}$$

$$\bar{u}\,\frac{\partial \bar{u}}{\partial x} + \bar{v}\,\frac{\partial \bar{u}}{\partial y} = \frac{\partial}{\partial y}\left(\nu_t\,\frac{\partial \bar{u}}{\partial y}\right). \tag{392}$$

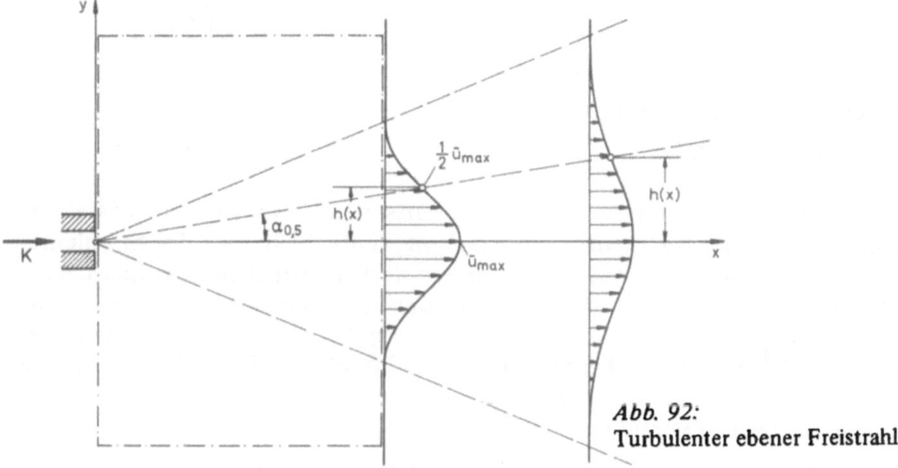

Abb. 92:
Turbulenter ebener Freistrahl

Wie in Abb. 92 angedeutet, nimmt die Breite des Strahles stromabwärts zu. Als Maß für die Breite des Strahles dient der Abstand von der Mitte $h(x)$ des Punktes, der die halbe Maximalgeschwindigkeit an dieser Stelle x besitzt. Experimente besagen, daß die Strahlbreite proportional zu x ist:

$$h(x) \sim x. \tag{393}$$

Weiterhin bilden sich, abgesehen von einem Gebiet unmittelbar am Ausblaseschlitz, Geschwindigkeitsprofile aus, die sich zur Deckung bringen lassen, wenn die Querkoordinate y auf $h(x)$ und die Geschwindigkeit auf die Maximalgeschwindigkeit bezogen werden. Für derartige ähnliche Geschwindigkeitsprofile gilt:

$$\frac{\bar{u}(x, y)}{\bar{u}_{max}(x)} = F\left(\frac{y}{h(x)}\right). \tag{394}$$

$$\rho\, b \int_{-\infty}^{+\infty} \bar{u}^2 \, dy = \rho\, b\, h\, \bar{u}^2_{max} \int_{-\infty}^{+\infty} F^2\!\left(\frac{y}{h}\right) d\!\left(\frac{y}{h}\right) = \rho\, b\, K = konst.$$

(395)

Dabei heißt K *kinematischer Impulsstrom*. Daraus folgt

$$h\, \bar{u}^2_{max} = konst.$$

oder wegen Gl. (393)

$$\bar{u}_{max} \sim \frac{1}{\sqrt{x}}.$$

(396)

Die Maximalgeschwindigkeit nimmt also stromabwärts ab.
Für den Volumenstrom im Freistrahl erhält man

$$Q(x) = b \int_{-\infty}^{+\infty} \bar{u}(x, y) \, dy = b\, \bar{u}_{max}\, h \int_{-\infty}^{+\infty} F\!\left(\frac{y}{h}\right) d\!\left(\frac{y}{h}\right).$$

Wegen der Gln. (393) und (396) **gilt**

$$Q(x) \sim \sqrt{x}.$$

(397)

Der Volumenstrom nimmt also stromabwärts *zu*. Damit wird ein charakteristischer Effekt der *turbulenten Vermischung* deutlich. Infolge der turbulenten Schwankungsbewegung kommt es zu einem starken seitlichen Impulsaustausch, durch den immer größere Bereiche der zunächst ruhenden Umgebung erfaßt und mitgerissen werden. Diese *Schleppwirkung* des Strahles hat das Ansaugen des ruhenden Fluids der Umgebung in den Strahl zur Folge. Dieser Ansaugeffekt (*Duscheneffekt*) wird z.B. bei der *Wasserstrahl-Pumpe* ausgenutzt.
Für die kinetische Energie im Freistrahl gilt

$$\frac{\rho}{2}\, b \int_{-\infty}^{+\infty} \bar{u}^3 \, dy = \frac{1}{2}\, \rho\, b\, h\, \bar{u}^3_{max} \int_{-\infty}^{+\infty} F^3\!\left(\frac{y}{h}\right) d\!\left(\frac{y}{h}\right) \sim \frac{1}{\sqrt{x}}.$$

(398)

Nach Gl. (100) ist die verlorene kinetische Energie gleich der Dissipation.

Satz 46: Bei der turbulenten Vermischung im Freistrahl bleibt der Strahlimpuls konstant. Infolge der Schleppwirkung nimmt der Volumenstrom des Strahles laufend zu, die kinetische Energie dagegen ab. Die turbulente Vermischung ist mit Dissipation verbunden.

Zur Abschätzung der scheinbaren kinematischen Viskosität ν_t in Gl. (392) wird folgendes gesetzt:

$$\overline{u'v'} \sim \overline{u}_{max}^2 \sim \frac{1}{x}$$

$$\frac{\partial \overline{u}}{\partial y} \sim \frac{\overline{u}_{max}}{h} \sim \frac{1}{x\sqrt{x}}\,.$$

Dann ergibt Gl. (373)

$$\nu_t = -\frac{\overline{u'v'}}{\dfrac{d\overline{u}}{dy}} \sim \sqrt{x}.$$

Man setzt

$$\nu_t = \frac{1}{8}\,\sqrt{\frac{3K}{\sigma^3}}\,\sqrt{x}, \tag{399}$$

wobei K der kinematische Impulsstrom des Freistrahles und σ eine noch zu bestimmende Konstante sind. Das System der Gln. (391) und (392) kann damit analytisch gelöst werden. Auf die Einzelheiten der Rechnung wird hier verzichtet. Als Lösung erhält man:

$$\overline{u}(x, y) = \frac{1}{2}\,\sqrt{\frac{3K\sigma}{x}}\,(1 - \tanh^2 \eta) \tag{400}$$

$$\overline{v}(x, y) = \frac{1}{4}\,\sqrt{\frac{3K}{\sigma x}}\,[2\eta\,(1 - \tanh^2 \eta) - \tanh \eta] \tag{401}$$

mit

$$\eta = \sigma\,\frac{y}{x}\,. \tag{402}$$

Daraus folgt entsprechend Gl. (396)

$$\overline{u}_{max} = \frac{1}{2}\,\sqrt{3K\sigma}\,\frac{1}{\sqrt{x}}\,. \tag{403}$$

Dem Wert $\eta = 0{,}881$ entspricht $y = h$. Also gilt

$$h(x) = \frac{0{,}881}{\sigma}\,x\,. \tag{404}$$

Aus Messungen wurde die einzige empirische Konstante dieser Rechnung mit

$$\sigma = 7{,}67$$

bestimmt. Daraus folgt $h(x) = 0{,}113\,x$. Das entspricht einem halben Öffnungswinkel von $\alpha_{0,5} = 6{,}5°$. Der halbe Öffnungswinkel der Punkte mit $\overline{u} = 0{,}1 \cdot \overline{u}_{max}$ beträgt $\alpha_{0,1} = 13{,}5°$.

17.5. Näherungslösung für die turbulente Plattengrenzschicht

Für die laminare Plattengrenzschicht wurde in Kap. 16.3 eine Näherungslösung aufgestellt. Eine entsprechende Rechnung wird jetzt für die turbulente Plattengrenzschicht durchgeführt. Grundlage bildet wieder der Impulssatz der Grenzschicht in Form von Gl. (348). Für die Geschwindigkeitsverteilung wird Gl. (388) gewählt. Dabei wird angenommen, daß diese Verteilung bis zum Grenzschichtrand gilt, was durch Messungen als gute Näherung bestätigt wird. Für den Grenzschichtrand folgt dann aus Gl. (388)

$$\frac{U_\infty}{u_T} = \frac{1}{\kappa} \ln \frac{u_T \delta}{\nu} + C. \tag{405}$$

Es interessieren insbesondere Strömungen bei großen *Reynolds*-Zahlen. Bei ihnen ist das Geschwindigkeitsprofil nahezu homogen ($\overline{u} \approx U_\infty$), und die Abweichungen der Verteilung nach Gl. (388) von der wirklichen Verteilung in der reinviskosen Unterschicht und in der Übergangsschicht nach Abb. 91 können vernachlässigt werden. Für die Impulsverlustdicke folgt daher nach Gl. (346)

$$\delta_2(x) = \frac{u_T(x)\,\delta(x)}{\kappa\,U_\infty}. \tag{406}$$

Die Gleichungen (348), (405) und (406) bestimmen die gesuchten Funktionen $u_T(x)$, $\delta(x)$ und $\delta_2(x)$, die für $\mathrm{Re} \to \infty$ gegen Null streben. Für diesen Grenzfall folgt

$$\delta_2 = \left(\frac{u_T(x)}{U_\infty}\right)^2 x \tag{407}$$

$$\delta = \kappa \, \frac{u_T(x)}{U_\infty} \, x \tag{408}$$

$$\frac{U_\infty}{u_T} = \sqrt{\frac{2}{c_f}} = \frac{1}{\kappa} \ln \left(\mathrm{Re}_x \, \frac{c_f}{2}\right) + C + \frac{1}{\kappa} \ln \kappa. \tag{409}$$

Da also für große Werte $\mathrm{Re}_x = U_\infty x/\nu$ $c_f(x) = 2\kappa^2/\ln^2 \mathrm{Re}_x$ gilt, wächst die Grenzschichtdicke $\delta = \kappa^2 x/\ln \mathrm{Re}_x$ nur wenig schwächer als proportional zur Lauflänge x. Mit Gl. (349) folgt dann aus Gl. (407)

$$\sqrt{\frac{2}{c_W}} = \frac{1}{\kappa} \ln \left(\mathrm{Re} \, \frac{c_W}{2}\right) + C - 3{,}0. \tag{410}$$

Die gegenüber (409) geringfügig geänderte Konstante 3,0 ergibt sich, wenn im Außenbereich der Grenzschicht Abweichungen vom logarithmischen Gesetz, Gl. (388), berücksichtigt werden.

Das Widerstandsgesetz, Gl. (410), gilt für glatte und rauhe Oberflächen, d.h. für die Bereiche 3, 4 und 5 in Abb. 65.

Beispiel 50: Grenzschichtdicke am Tragflügelprofil

Wie groß ist die Grenzschichtdicke an der Hinterkante des Tragflügels in Beispiel 35 (Kap. 12.5), wenn die Grenzschicht von der Vorderkante an turbulent ist und das Profil näherungsweise durch eine ebene Platte ersetzt werden kann? Wie dick ist die reinviskose Unterschicht? ($l = 0,8$ m, $U_\infty = 55,5$ m/s, $\nu = 15 \cdot 10^{-6}$ m²/s).

Lösung:

Nach Gl. (409) gilt mit $C = 5,0$ für $x = l$:

$$\frac{u_\tau}{U_\infty} = \sqrt{\frac{c_f}{2}} = 0,042.$$

Aus Gl. (408) folgt

$$\delta(l) = \kappa \, \frac{u_\tau}{U_\infty} \, l = 0,41 \cdot 0,042 \cdot 0,8 \text{ m} = 14 \text{ mm}.$$

Wie der Vergleich mit Beispiel 49 zeigt, ist bei gleicher *Reynolds*-Zahl die turbulente Grenzschicht wesentlich dicker als die laminare.

Für die Dicke der reinviskosen Unterschicht gilt nach Abb. 91

$$y^+ = \frac{u_\tau y}{\nu} = 5 \quad \text{oder} \quad \frac{y}{l} = \frac{5}{\text{Re}} \, \frac{U_\infty}{u_\tau} \, .$$

Mit $u_\tau/U_\infty = 0,042$ ist die gesuchte Dicke der reinviskosen Unterschicht

$$y = \frac{5 \cdot 0,8 \text{ m}}{3 \cdot 10^6 \cdot 0,042} = 0,03 \text{ mm}$$

in Übereinstimmung mit der Grenze der Rauhigkeitshöhe k_s bei hydraulisch glatter Oberfläche in Beispiel 35.

18. Instationäre Strömungen

18.1. Integralsätze

Die bisherigen Betrachtungen waren auf stationäre Strömungen beschränkt. In einem gewählten Koordinatensystem (*Euler*sche Betrachtungsweise) waren alle Strömungsgrößen von der Zeit unabhängig.

In diesem Kapitel werden instationäre Strömungen betrachtet, bei denen die Strömungsgrößen auch von der Zeit abhängen können. Ohne ausführliche Herleitung werden zunächst die Integralsätze angegeben. Damit werden gleichzeitig die wichtigsten Sätze noch einmal übersichtlich zusammengestellt. Entsprechende Zusammenstellungen der wichtigsten Formeln für Vektorfelder und für die Bestimmungsgleichungen der inkompressiblen instationären Strömungen folgen in den nächsten Abschnitten.

Der Massenerhaltungssatz ist bereits in Gl. (86) angegeben. Er lautet:

$$\frac{d}{dt} \iiint_V \rho \, dV + \iint_K \rho \, dQ = 0 \,. \tag{411}$$

Dabei ist V das Volumen des Kontrollraumes.
Statt Gl. (97) gilt der *Energiesatz:*

$$\frac{d}{dt} \iiint_V \left(\frac{1}{2} w^2 + u \right) \rho \, dV + \iint_K \left(\frac{1}{2} w^2 + h \right) \rho \, dQ = P_K + P_M + P_W \,. \tag{412}$$

Statt Gl. (105) gilt der Satz für die *kinetische Energie inkompressibler Strömungen:*

$$\frac{d}{dt} \iiint_V \frac{1}{2} w^2 \rho \, dV + \iint_K \frac{1}{2} w^2 \rho \, dQ = P_A + P_K + P_M - P_R \,. \tag{413}$$

Statt Gl. (207) gilt der *Impulssatz:*

$$\frac{d}{dt} \iiint_V w \, \rho \, dV + \iint_K w \, \rho \, dQ = F_K + F_P + F_S \,. \tag{414}$$

Statt Gl. (224) gilt der *Impulsmomentensatz:*

$$\frac{d}{dt} \iiint_V (r \times w) \, \rho \, dV + \iint_K (r \times w) \, \rho \, dQ = M_K + M_P + M_S \,. \tag{415}$$

Falls sich die Kontrollfläche mit der Zeit nicht bewegt, können die Integration über dem Volumen V und die Differentiation nach der Zeit t in der Reihenfolge vertauscht werden.

Für Stromröhren mit konstanten Größen über den Querschnitten (Stromfaden-theorie) lassen sich die Integralsätze noch vereinfachen. Die Strömungsgrößen sind dann von der Lauflänge s (vgl. Abb. 28) und der Zeit t abhängig. Es gilt $w = w(s,t)$, $p = p(s,t)$ usw.

Für inkompressible Strömung durch eine Stromröhre folgt aus Gl. (411) die Kontinuitätsgleichung:

$$Q_2(t) + A_2 \frac{ds_2}{dt} = Q_1(t) + A_1 \frac{ds_1}{dt} = Q(t) = w(s,t)\, A(s) \ . \quad (416)$$

Dabei sind $Q_1(t)$ und $Q_2(t)$ die Absolutwerte des Volumenstromes im Eintritts- bzw. Austrittsquerschnitt. Ist die Kontrollfläche K von der Zeit unabhängig, dann sind die Koordinaten s_1 und s_2 konstant, und Gl. (416) reduziert sich auf die stationäre Kontinuitätsgleichung, Gl. (90).

Aus Gl. (413) folgt die Energiegleichung (inkompressible Strömung):

$$\frac{1}{2}\, w_2{}^2 + \frac{p_2}{\rho} + gz_2 = \frac{1}{2}\, w_1{}^2 + \frac{p_1}{\rho} + gz_1 + w_{t12} - \varphi_{12} - \int\limits_{s_1(t)}^{s_2(t)} \frac{\partial w}{\partial t}\, ds$$

$$(417)$$

Der gegenüber stationärer Strömung zusätzlich auftretende Integralausdruck hat für die Strömungsmaschinen eine fundamentale Bedeutung. In einer Strom-röhre im Innern einer reibungslosen Strömung, bei der keine Berührung mit Schaufeln erfolgt ($w_{t12} = 0$), ist nur bei instationärer Strömung eine Zu- oder Abnahme der Energie möglich.

Beispiel 51: Ausfluß aus einem Gefäß

Ein zylindrisches Gefäß mit der Querschnittsfläche A besitzt nach Abb. 93 im Boden eine Öffnung mit der Querschnittsfläche $A_2 = m\,A$ ($0 < m \leqslant 1$). Wie groß ist bei reibungsloser Strömung die Entleerungszeit t_E bei einer Flüssigkeitshöhe h zu Beginn der Entleerung?

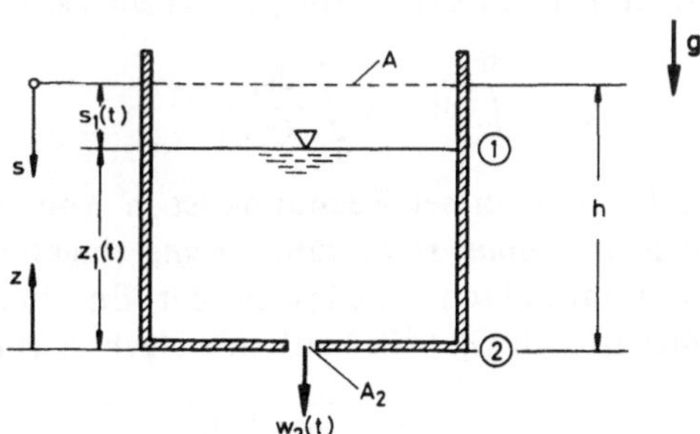

Abb. 93:
Instationäres Ausfließen aus einem Gefäß

Lösung:

Aus Gl. (416) folgt

$$Q(t) = w(s,t)\, A = w(t)\, A = Q_2(t) = A_2 w_2(t) = A \frac{ds_1}{dt} \ . \quad (418)$$

Aus Gl. (417) folgt mit $z_2 = 0$

$$\frac{1}{2} w_2{}^2 = \frac{1}{2} w_1{}^2 + gz_1 - \int\limits_{s_1(t)}^{s_2} \frac{\partial w}{\partial t}\, ds \; . \tag{419}$$

Gl. (418) ergibt

$$w(t) = \frac{Q(t)}{A} \quad \text{oder die von s unabhängige Ableitung}$$

$$\frac{\partial w}{\partial t} = \frac{dw}{dt} = \frac{1}{A}\frac{dQ}{dt} = \frac{1}{A}\frac{dQ}{ds_1}\frac{ds_1}{dt} = \frac{Q}{A^2}\frac{dQ}{ds_1} = \frac{1}{2A^2}\frac{d(Q^2)}{ds_1} \; . \tag{420}$$

Daraus folgt wegen $s_2 = h$:

$$\int\limits_{s_1(t)}^{s_2} \frac{\partial w}{\partial t}\, ds = \frac{1}{2A^2}\frac{d(Q^2)}{ds_1}\,(h - s_1) \; .$$

Setzt man in Gl. (419)

$$w_2 = \frac{Q}{A_2}, \qquad w_1 = \frac{Q}{A}, \qquad z_1 = h - s_1$$

ein, dann erhält man eine lineare Differentialgleichung erster Ordnung für $Q^2(s_1)$:

$$(h - s_1)\,\frac{d(Q^2)}{ds_1} = \left(1 - \frac{1}{m^2}\right) Q^2 + 2g\,A^2\,(h - s_1) \tag{421}$$

mit der Anfangsbedingung

$$Q^2(s_1 = 0) = 0 \; . \tag{422}$$

Auf die Lösung, die explizit dargestellt werden kann, wird hier nicht eingegangen.
Aus der Gl. (418), $Q(t) = A(ds_1/dt)$, erhält man mit der Lösung $Q(s_1)$ die Entleerungszeit:

$$t_E = \int\limits_0^{t_E} dt = A \int\limits_0^{h} \frac{ds_1}{Q(s_1)} \; . \tag{423}$$

Das Ergebnis dieser Rechnung ist in Abb. 94 dargestellt. Zum Vergleich ist die sogenannte *quasi-stationäre Lösung* eingetragen. Man erhält sie durch Weglassen des instationären Gliedes in der Energiegleichung, Gl. (419). Entsprechend reduziert sich Gl. (421) auf eine algebraische Gleichung mit der Lösung:

$$Q(s_1) = m\,\sqrt{\frac{2g\,A^2\,(h - s_1)}{1 - m^2}} \; . \tag{424}$$

Für sehr kleine m ($m^2 \ll 1$) vereinfacht sie sich zu

$$Q(s_1) = m\,A\,\sqrt{2g\,(h - s_1)} \; .$$

Das entspricht genau der *Torricelli*-Ausflußformel, Gl. (121).
Wird Gl. (424) in Gl. (423) eingesetzt, erhält man für die Entleerungszeit t_E
nach der quasi-stationären Theorie:

$$t_E = \frac{1}{m} \sqrt{1 - m^2} \sqrt{\frac{2h}{g}}.$$ (425)

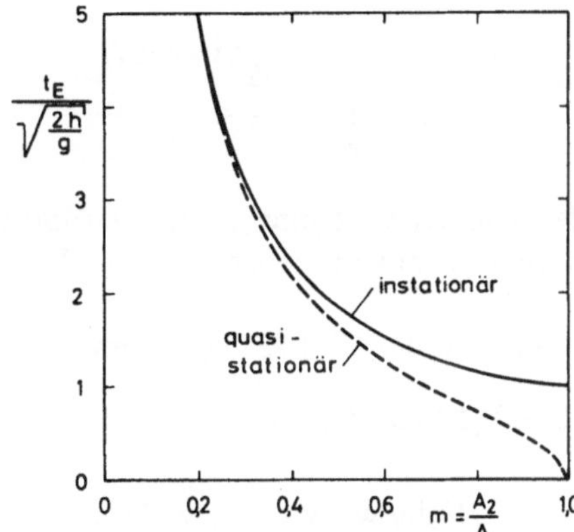

Abb. 94:
Entleerungszeit für ein zylindrisches Gefäß.
Vergleich von instationärer und quasi-
stationärer Theorie

Diese Abhängigkeit ist in Abb. 94 gestrichelt eingezeichnet. Für kleine Flächen-
verhältnisse ist die quasi-stationäre Lösung eine sehr gute Näherung, da dafür
offensichtlich der Entleerungsvorgang langsam genug abläuft. Bei größeren
Flächenverhältnissen muß jedoch die Beschleunigung der Flüssigkeit im Gefäß
infolge veränderlichen Volumenstroms berücksichtigt werden.

18.2. Vektorfelder

Im nächsten Abschnitt werden die Bewegungsgleichungen für dreidimensionale
Strömungen in beliebigem Koordinatensystem angegeben. Dazu bedient man
sich der Vektorschreibweise. Es werden deshalb zunächst einige Angaben über
Vektorfelder vorausgeschickt.
Bezeichnet **r** den Ortsvektor eines beliebigen Punktes P im Strömungsfeld, dann
ist **w**(**r**) das Geschwindigkeitsfeld und **p**(**r**) das Druckfeld.

Definiton 51:

Der *Gradient eines Skalarfeldes* p(**r**) ist definiert als

$$\operatorname{grad} p = \lim_{V \to 0} \frac{\iint\limits_{K} p(\mathbf{r})\, d\mathbf{A}}{V}.$$ (426)

Der Gradient ist ein *Vektor*, der senkrecht auf der räumlichen Fläche p = konst. steht und in Richtung wachsender p-Werte zeigt. Statt p(r) kann jede beliebige Skalarfunktion stehen.

Definition 52:

Die *Divergenz eines Vektorfeldes* w(r) ist definiert als

$$\text{div } \mathbf{w} = \lim_{V \to 0} \frac{\iint\limits_{K} \mathbf{w}(\mathbf{r}) \, d\mathbf{A}}{V} \,. \tag{427}$$

Die Divergenz ist eine *skalare Größe* und gibt die Volumen-Quell-Ergiebigkeit an. Statt w(r) kann jedes beliebige Vektorfeld stehen.

Integration der Gl. (427) über einem größeren Kontrollraum liefert den

Satz 47: Es gilt der *Satz von G a u ß* :

$$\iiint\limits_{V} \text{div } \mathbf{w} \, dV = \iint\limits_{K} \mathbf{w} \, d\mathbf{A} \,. \tag{428}$$

Bedeutet w das Geschwindigkeitsfeld einer inkompressiblen Strömung, dann ist der Satz von *Gauß* identisch mit dem Massenerhaltungssatz: Die Quellergiebigkeit im Innern des Kontrollraumes ist gleich dem Volumenstrom über der umhüllenden Kontrollfläche K. Der Satz von *Gauß* gilt jedoch für beliebige Vektorfelder w(r). Mit ihm läßt sich ein Volumenintegral auf ein Flächenintegral zurückführen.

Definition 53:

Die *Rotation eines Vektorfeldes* w(r) ist definiert als

$$\text{rot } \mathbf{w} = - \lim_{V \to 0} \frac{\iint\limits_{K} \mathbf{w} \times d\mathbf{A}}{V} \,. \tag{429}$$

Die Rotation ist ein Vektor und bildet ein Maß für die *Drehung der Teilchen*. Es gilt für den *Drehvektor*

$$\boldsymbol{\omega} = \frac{1}{2} \text{ rot } \mathbf{w} \,. \tag{430}$$

Damit erhält man den für ebene Strömungen hergeleiteten Satz 34 für allgemeine dreidimensionale Strömungen:

Satz 48: Es gilt der *Satz von S t o k e s* :

$$\Gamma = \oint_C \mathbf{w} \, ds = 2 \iint_A \boldsymbol{\omega} \, dA = \iint_A \text{rot } \mathbf{w} \, dA \, . \tag{431}$$

Dabei ist C eine beliebige geschlossene Raumkurve und A eine beliebige Fläche, die C als Randkurve besitzt.

Der Satz von *Stokes* ermöglicht, ein Flächenintegral auf ein Linienintegral zurückzuführen.

Die drei Vektoroperationen nach den Definitionen 51 bis 53 lassen sich für *kartesische Koordinaten* sehr einfach auswerten. Dazu dient

Definition 54:

Als *Nabla-Operator* bezeichnet man den *Pseudo-Vektor*

$$\nabla \equiv \left(\frac{\partial}{\partial x}, \frac{\partial}{\partial y}, \frac{\partial}{\partial z} \right) \tag{432}$$

Damit gilt:

$$\text{grad } p = \nabla p = \left(\frac{\partial p}{\partial x}, \frac{\partial p}{\partial y}, \frac{\partial p}{\partial z} \right) \tag{433}$$

$$\text{div } \mathbf{w} = \nabla \mathbf{w} = \frac{\partial u}{\partial x} + \frac{\partial v}{\partial y} + \frac{\partial w}{\partial z} \tag{434}$$

$$\text{rot } \mathbf{w} = \nabla \times \mathbf{w} = \left(\frac{\partial w}{\partial y} - \frac{\partial v}{\partial z}, \frac{\partial u}{\partial z} - \frac{\partial w}{\partial x}, \frac{\partial v}{\partial x} - \frac{\partial u}{\partial y} \right) . \tag{435}$$

Man erkennt, daß Gl. (428) unter Verwendung von Gl. (434) für die ebene Strömung mit Gl. (252) identisch ist. Ebenso ist Gl. (270) eine Komponente der allgemeineren Gl. (430), wenn Gl. (435) berücksichtigt wird.

Alle Angaben in diesem Abschnitt gelten für beliebige Skalarfelder p(r) und beliebige Vektorfelder w(r). Wenn die Felder als Druck- bzw. Geschwindigkeitsfelder interpretiert werden, ergeben sich gerade die erwähnten strömungsmechanischen Bedeutungen.

18.3. Bewegungsgleichungen

Für dreidimensionale, inkompressible instationäre Strömungen gelten folgende Bewegungsgleichungen in Vektor-Schreibweise:

$$\text{div } \mathbf{w} = 0 \tag{436}$$

$$\rho \left[\frac{\partial \mathbf{w}}{\partial t} + \text{grad } \left(\frac{\mathbf{w}^2}{2} \right) - \mathbf{w} \times \text{rot } \mathbf{w} \right] = \mathbf{k} - \text{grad } p - \eta \, \text{rot (rot } \mathbf{w}) \tag{437}$$

Der Klammerausdruck auf der linken Seite von Gl. (437) wird häufig mit Dw/Dt abgekürzt. Damit lautet Gl. (437)

$$\rho \, \frac{Dw}{Dt} = k - \operatorname{grad} p - \eta \operatorname{rot} (\operatorname{rot} w) \, . \tag{438}$$

Diese Schreibweise ist zunächst unabhängig vom Koordinatensystem.
Wird ein kartesisches Koordinatensystem gewählt, können mit Hilfe der Gln. (433) bis (435) die Komponenten-Gleichungen sofort aufgeschrieben werden.
Für ebene inkompressible Strömungen erhält man die *Bewegungsgleichungen*

$$\frac{\partial u}{\partial x} + \frac{\partial v}{\partial y} = 0 \tag{439}$$

$$\rho \left(\frac{\partial u}{\partial t} + u \, \frac{\partial u}{\partial x} + v \, \frac{\partial u}{\partial y} \right) = k_x - \frac{\partial p}{\partial x} + \eta \left(\frac{\partial^2 u}{\partial x^2} + \frac{\partial^2 u}{\partial y^2} \right) \tag{440}$$

$$\rho \left(\frac{\partial v}{\partial t} + u \, \frac{\partial v}{\partial x} + v \, \frac{\partial v}{\partial y} \right) = k_y - \frac{\partial p}{\partial y} + \eta \left(\frac{\partial^2 v}{\partial x^2} + \frac{\partial^2 v}{\partial y^2} \right) \tag{441}$$

Vergleicht man die Gleichungen mit den Bewegungsgleichungen für stationäre Strömungen, Gln. (253), (264) und (265), stellt man fest, daß die Kontinuitätsgleichung unverändert gilt und daß bei den Bewegungsgleichungen die Terme $\rho(\partial u/\partial t)$ und $\rho(\partial v/\partial t)$ hinzugekommen sind.
Die Bedeutung dieser Terme läßt sich bei der reibungslosen Strömung in einer Stromröhre besonders einfach erkennen. Dafür gilt

$$\rho \, \frac{Du}{Dt} \equiv \rho \left(\frac{\partial u}{\partial t} + u \, \frac{\partial u}{\partial x} \right) = k_x - \frac{\partial p}{\partial x} \, , \tag{442}$$

d.h. die Trägheitskraft (= Masse × Beschleunigung) steht mit der Volumenkraft und der Druckkraft im Gleichgewicht. Die gesamte Beschleunigung besteht aus zwei Anteilen:

$$\frac{Du}{Dt} = \frac{\partial u}{\partial t} + u \, \frac{\partial u}{\partial x} \, . \tag{443}$$

Man unterscheidet:

1. *Lokale Beschleunigung* $\dfrac{\partial u}{\partial t}$

   Wenn die Stromröhre konstanten Querschnitt hat, dann kann sich die Geschwindigkeit nur durch Änderung des Volumenstroms (Anstellen der Pumpe) ändern.

2. *Konvektive Beschleunigung* $\;u\,\dfrac{\partial u}{\partial x}$

Diese Beschleunigung ist auch bei stationärer Strömung vorhanden, und zwar immer dann, wenn sich der Querschnitt der Stromröhre verengt (oder bei Erweiterung erfolgt Verzögerung).

3. *Substantielle* oder *totale Beschleunigung* $\;\dfrac{Du}{Dt}$

Dieses ist die Beschleunigung, die ein Fluidteilchen an der betrachteten Stelle erfährt. In instationärer Strömung ist die Geschwindigkeit von der Zeit und vom Ort abhängig, also u = u(t,x). Um die Beschleunigung b des Teilchens zu erhalten, muß nach t differenziert werden:

$$b = \frac{Du}{Dt} = \frac{\partial u}{\partial t} + \frac{\partial u}{\partial x}\,\frac{dx}{dt}$$

Wegen $dx/dt = u$ folgt daraus Gl. (443).

Mit dem Auftreten der lokalen Beschleunigung hängt auch zusammen, daß bei instationären Strömungen die *Bahnlinien* der Fluidteilchen nicht mehr mit den *Stromlinien* übereinstimmen. Letztere sind nach wie vor überall parallel zu den Geschwindigkeitsvektoren. Da sich das Geschwindigkeitsfeld w(r,t) laufend ändert, verändert sich auch das Stromlinienbild. In Abb. 95 ist das momentane Stromlinienbild für die Strömung um einen Kreiszylinder dargestellt, der sich in ruhender Umgebung mit konstanter Geschwindigkeit bewegt. Das Bild entstand aus Abb. 79 durch Abziehen der Geschwindigkeit U_∞. Es entsteht momentan die Dipolströmung. Die Bahnlinie des Teilchens, das sich bei dieser Momentaufnahme gerade im Punkt P_2 befindet, weicht deutlich von der Stromlinie durch P_2 ab.

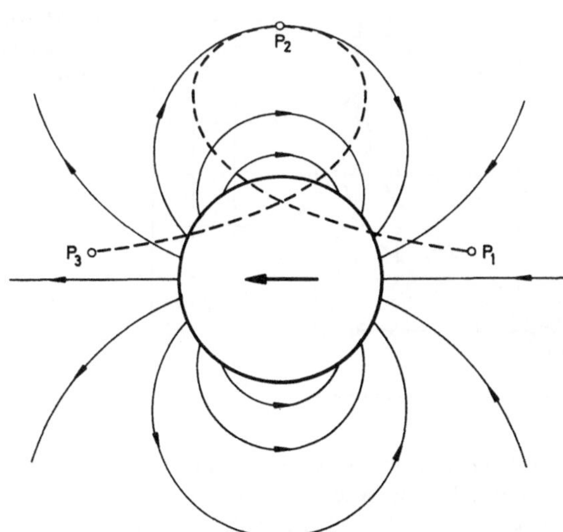

Abb. 95:
Unterschied zwischen Stromlinien und Bahnlinien (gestrichelt) bei der instationären Kreiszylinderströmung

Es sei noch angemerkt, daß Gl. (442) durch Integration entlang der Stromröhre in Gl. (417) mit $w_{t12} = \varphi_{12} = 0$ übergeht.

Beispiel 52: Strömung an einer oszillierenden Wand

Eine unendlich ausgedehnte ebene Wand führt in ihrer Ebene harmonische Schwingungen aus. Welche Geschwindigkeitsverteilung und welche Wandschubspannung erhält man?

Lösung:

Es wird ein kartesisches Koordinatensystem gewählt mit $y = 0$ an der Wand. Die Wandgeschwindigkeit sei

$$u(0, t) = U_0 \cos nt \ .$$

Die Bewegungsgleichungen, Gln. (439) bis (441), reduzieren sich wegen $\partial/\partial x = 0$, $v = 0$ und $k_x = k_y = 0$ zu:

$$\frac{\partial u}{\partial t} = \nu \, \frac{\partial^2 u}{\partial y^2} \ .$$

Die Lösung lautet

$$u(y, t) = U_0 \, e^{-ky} \cos(nt - ky)$$

mit

$$k = \sqrt{\frac{n}{2\nu}} \ .$$

Für einige Zeiten nt sind in Abb. 96 die momentanen Geschwindigkeitsverteilungen aufgezeichnet.

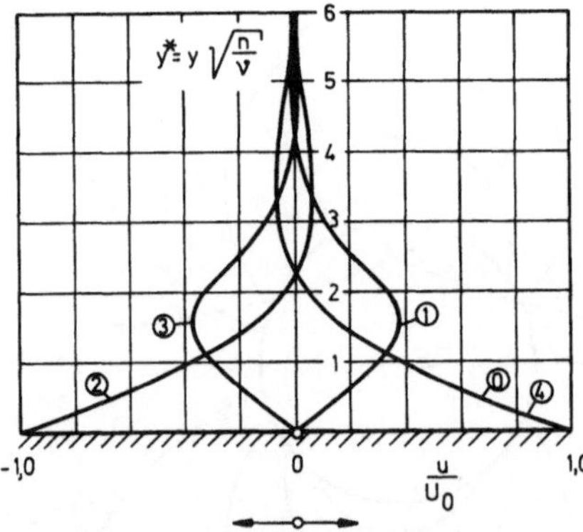

Abb. 96:
Geschwindigkeitsverteilungen an einer oszillierenden Wand

	nt
⓪ :	0
① :	$\pi/2$
② :	π
③ :	$3\pi/2$
④ :	2π

Es handelt sich um Schwingungen, deren Amplitude mit dem Wandabstand abnehmen. Im Abstand y besteht gegenüber der Wandgeschwindigkeit eine Phasenverschiebung von ky. Die Teilchen in den Abständen $y_i = 2\pi i/k$ ($i = 1,2 \ldots$) schwingen mit der Wand in Phase.

Die Wandschubspannung folgt aus Gl. (74) zu

$$\tau_w = \eta\, U_0\, k \cos\left(nt - \frac{\pi}{4}\right),$$

d.h. sie oszilliert mit einer Phasenverschiebung von $\pi/4$ gegenüber der Wand. Mit zunehmender Frequenz n wächst die Wandschubspannung proportional zu $\sqrt{n}$.
Die *quasistationäre* Lösung entspricht dem Grenzwert $n \to 0$. In diesem Fall ergibt sich einfach $u(y, t) = U_0 \cos nt$, $\tau_w = 0$. Die Wand schwingt so langsam, daß die gesamte Ebene dieser Schwingung genau folgt.

Anhang

Dimensionsanalyse

Jede Strömung ist durch dimensionslose Kennzahlen charakterisiert. Bei reibungsbehafteten Strömungen tritt beispielsweise stets die *Reynolds*-Zahl als Kennzahl auf. Ganz allgemein gehören zu jedem technischen oder physikalischen Vorgang entsprechende Kennzahlen.
Die Dimensionsanalyse bietet die Möglichkeit, diese Kennzahlen zu ermitteln. Liegt für das betrachtete Problem bereits eine mathematische Formulierung etwa in Form einer Differentialgleichung oder einer algebraischen Gleichung vor, dann ergeben sich die Kennzahlen, indem in dieser Gleichung dimensionslose Größen eingeführt werden. So ergab sich beispielsweise in den Kapiteln 15 und 16 aus den *Navier-Stokes*-Gleichungen die *Reynolds*-Zahl als chrakteristische Kennzahl.
Liegt eine mathematische Formulierung des Problems nicht vor, lassen sich trotzdem die Kennzahlen bestimmen. Dazu dient der *Hauptsatz der Dimensionsanalyse*:

Π-*Theorem von B u c k i n g h a m* (1914)
Eine allgemeine funktionelle Abhängigkeit

$$f(a_1, a_2, a_3 \ldots a_n) = 0,$$

die n geometrische oder physikalische Größen a_1 bis a_n bei m *Grundeinheiten* (Grundeinheiten sind z.B. N, s, m) miteinander verknüpft, kann stets in Form einer Abhängigkeit

$$F(\Pi_1, \Pi_2, \Pi_3 \ldots \Pi_{n-m}) = 0$$

zwischen $(n - m)$ dimensionslosen Kombinationen Π_1 bis Π_{n-m} (*Kennzahlen*) der ursprünglichen Größen dargestellt werden.

In der Strömungsmechanik sind es sehr häufig drei Grundeinheiten (N, s, m). Damit reduziert sich durch Einführen von Kennzahlen die Anzahl der Einflußgrößen um drei. Tritt die Temperatur als Einflußgröße auf, handelt es sich um vier Grundeinheiten N, s, m und K.

Der Beweis des Π-Theorems soll an einem Beispiel erläutert werden.
Für die Strömung im Kreisrohr (vgl. Kap. 12.3) besteht die funktionelle Abhängigkeit

$$f\left(\frac{\Delta p_g}{l}, d, \bar{u}, \rho, \eta\right) = 0 \,. \tag{444}$$

Da sich die Einheiten der fünf Größen aus den drei Grundeinheiten N, s und m zusammensetzen, muß sich nach dem Π-Theorem die Rohrströmung durch eine Abhängigkeit zwischen 2 (= 5 − 3) Kennzahlen beschreiben lassen.

Die gesuchten Kennzahlen sind Kombinationen der Form

$$\left(\frac{\Delta p_g}{l}\right)^{\alpha} d^{\beta} \, \bar{u}^{\gamma} \, \rho^{\delta} \, \eta^{\epsilon} \tag{445}$$

mit n (= 5) Exponenten $\alpha, \beta, \gamma \ldots$.
Diese Kombinationen müssen dimensionslos sein. Also gilt

$$\left[\frac{\Delta p_g}{l}\right]^{\alpha} [d]^{\beta} [\bar{u}]^{\gamma} [\rho]^{\delta} [\eta]^{\epsilon} = 1 \,.$$

Setzt man Einheiten ein, dann folgt

$$\left(\frac{N}{m^3}\right)^{\alpha} m^{\beta} \left(\frac{m}{s}\right)^{\gamma} \left(\frac{Ns^2}{m^4}\right)^{\delta} \left(\frac{Ns}{m^2}\right)^{\epsilon} = N^0 \, s^0 \, m^0 \,.$$

Diese Gleichung muß für jede Grundeinheit einzeln erfüllt sein. Damit erhält man durch Exponentenvergleich m (=3) Gleichungen:

Exponent von N: $\qquad\qquad \alpha + \delta + \epsilon = 0$ $\qquad\qquad$ (446)

Exponent von s: $\qquad\qquad -\gamma + 2\delta + \epsilon = 0$ $\qquad\qquad$ (447)

Exponent von m: $-3\alpha + \beta + \gamma - 4\delta - 2\epsilon = 0$ $\qquad\qquad$ (448)

Im allgemeinen ergeben sich m homogene lineare Gleichungen für n Unbekannte. Aus der Algebra stammt der bekannte Satz: Ein System von m homogenen linearen Gleichungen für n Unbekannte hat genau (n−m) linear unabhängige Lösungen, wenn der Rang der Koeffizienten-Matrix m ist. Letztgenannte Bedingung ist bei der Anwendung auf das Π-Theorem *praktisch* immer erfüllt.

Den (n−m) linear unabhängigen Lösungen entsprechen die (n−m) Kennzahlen.

Die (n−m) Lösungen findet man, indem n−m Unbekannte willkürlich vorgegeben werden. Dann erhält man ein inhomogenes lineares Gleichungssystem von m Gleichungen mit den restlichen m Unbekannten, das in üblicher Weise aufgelöst werden kann. Genau (n−m)mal kann die jeweils unterschiedliche Wahl der (n−m) Unbekannten vorgenommen werden. Im Beispiel ergibt sich dann:

1. Wahl: $\alpha = 1, \epsilon = 0$.

aus Gl. (446): $\delta = -1$

aus Gl. (447): $\gamma = -2$

aus Gl. (448): $\beta = 1$.

Die Kennzahl folgt aus Gl. (445):

$$\frac{\Delta p_g}{l} \frac{d}{\rho\,\bar{u}^2} = \frac{\lambda}{2} \ .$$

Bis auf den Faktor 2 ist diese Kennzahl die bereits eingeführte Rohrreibungszahl λ (vgl. Gln. (161) und (169)).

2. Wahl: $\alpha = 0, \ \epsilon = 1$.

aus Gl. (446): $\delta = -1$

aus Gl. (447): $\gamma = -1$

aus Gl. (448): $\beta = -1$.

Die Kennzahl folgt aus Gl. (445):

$$\frac{\eta}{d\,\bar{u}\,\rho} = \frac{1}{Re} \ .$$

Es handelt sich um den Reziprokwert der bereits in Gl. (233) eingeführten *Reynolds*-Zahl.

Statt Gl. (444) besteht der einfache Zusammenhang

$$F(\lambda, Re) = 0 \ .$$

Dieser ist in Abb. 59 durch die Kurven für hydraulisch glattes Rohr wiedergegeben.

Verzeichnis der verwendeten Symbole

Größe	Einheit	Bedeutung
a	m/s	Schallgeschwindigkeit
A	m^2	Fläche
A	N	Auftrieb
b	m	Breite senkrecht zur Strömungsebene
b	m/s^2	Beschleunigung
c	m^2/s^{2}K	spezifische Wärmekapazität
c	m/s	Absolutgeschwindigkeit
c_A	—	Auftriebsbeiwert
c_f	—	Reibungsbeiwert
c_p	—	Druckbeiwert
c_p	m^2/s^{2}K	spezifische Wärmekapazität bei konstantem Druck
c_u	m/s	skalare Umfangskomponente der Absolutgeschwindigkeit
c_v	m^2/s^{2}K	spezifische Wärmekapazität bei konstantem Volumen
C	—	Integrationskonstante
d	m	Durchmesser, Distanz in Beispiel 8
d_h	m	hydraulischer Durchmesser
e	m	Abstand zwischen Schwerpunkt und Druckmittelpunkt
E	Nm	Energie
E	m^2/s	Ergiebigkeit
f	m	Wölbungshöhe
F	N	Kraft
F_x, F_y	N	skalare Komponenten der Druckkraft
Fr	—	*Froude*-Zahl
g	m/s^2	Fallbeschleunigung
g_F	m/s^2	fiktive Fallbeschleunigung
G	N	Gewichtskraft
h	m	Höhe
h	m^2/s^2	spezifische Enthalpie
h_V	m	Verlusthöhe
h^*	m	Grenztiefe
H	m	Höhe, spezifische Höhe
$\overline{H}$	m	Gesamthöhe, Gl. (134)
H_0	m	Höhe der gleichförmigen Atmosphäre, Gl. (55)
I	m^4	Flächenträgheitsmoment
I	Ns = kg m/s	Impuls
k	N/m^3	Kraftfeldstärke, Kraft pro Volumen
k	1/m	Frequenzeinfluß in Beispiel 52
k_s	m	Sandrauhigkeitshöhe
k_s^+	—	dimensionslose Sandrauhigkeitshöhe

Größe	Einheit	Bedeutung
K	m^3/s^2	kinematischer Impulsstrom
K_x, K_y	N	skalare Komponenten der Volumenkraft
l	m	Länge, *Prandtl*sche Mischungsweglänge
l^+	—	dimensionslose Mischungsweglänge
m	$kg = Ns^2/m$	Masse
m	—	Flächenverhältnis in Beispiel 51
$\dot{m}$	$kg/s = Ns/m$	Massenstrom
M	Nm	Moment
M	m^3/s	Dipolmoment
Ma	—	*Mach*-Zahl
n	—	Polytropenexponent
n	1/s	Frequenz, Drehzahl
n	—	Normaleinheitsvektor
0	m^2	fester Teil der Kontrollfläche
p	$Pa = N/m^2$	Druck
p_g	$Pa = N/m^2$	Gesamtdruck
P	Nm/s	Leistung
q	$Pa = N/m^2$	Staudruck, dynamischer Druck
q_{12}	m^2/s^2	spezifische Wärme
Q	m^3/s	Volumenstrom
r	m	radiale Koordinate
r	m	Ortsvektor
r_K	m	Krümmungsradius eines Krümmers
r_x, r_y	N/m^3	skalare Komponenten der auf das Volumen bezogenen Reibungskraft
R	m	Radius
R	$m^2/s^2 K$	spezielle Gaskonstante
R	N	Betrag der resultierenden Kraft
R_x, R_y	N	skalare Komponenten der resultierenden Kraft
Re	—	*Reynolds*-Zahl
Re_k	—	kritische *Reynolds*-Zahl
s	m	Längenkoordinate, Drahtstärke
s	$Pa = N/m^2$	Spannungsvektor
S	m^2	Projektionsfläche
S_x, S_y	N	skalare Komponenten der Stützkraft
t	s	Zeit
t	m	Teilung eines Gitters
t	—	Tangentialeinheitsvektor
t_E	s	Entleerungszeit in Beispiel 51
t_0	s	Integrationszeit bei zeitlicher Mittelung
Tu	—	Turbulenzgrad
u	m/s	skalare Geschwindigkeitskomponente in x-Richtung
u	m^2/s^2	spezifische innere Energie
$\bar{u}$	m/s	örtlich oder zeitliche gemittelte Geschwindigkeit u
u^+	—	dimensionslose Geschwindigkeit

Größe	Einheit	Bedeutung
u_τ	m/s	Schubspannungsgeschwindigkeit
U	m	benetzter Umfang
U	m/s	Geschwindigkeit, z.B. am Außenrand der Grenzschicht
U_∞	m/s	Anströmgeschwindigkeit
v	m^3/kg	spezifisches Volumen
v	m/s	skalare Geschwindigkeitskomponente in y-Richtung oder r-Richtung
V	m^3	Volumen
V_K	m^3	verdrängtes Fluidvolumen
V_A	m^3	Volumen über Fläche A
V_F	m^3	Fluidvolumen, Abb. 16
w	m/s	skalare Geschwindigkeit, allgemeine Richtung, s-Richtung oder z-Richtung
w	m/s	Geschwindigkeit
w_{t12}	m^2/s^2	spezifische technische Arbeit
x	m	kartesische Koordinate, axiale Koordinate im Zylinderkoordinatensystem, Grenzschicht-Koordinate entlang der Körperkontur
x_U	m	x-Koordinate des Umschlagpunktes laminar-turbulent
y	m	kartesische Koordinate
y_K	m	y-Koordinate der Körperkontur
y^*	m	verschobene y-Koordinate, $y^* = y - y_s$
y^+	–	dimensionsloser Wandabstand
Y	m^2/s^2	spezifische Stutzenarbeit
z	m	kartesische Koordinate, geodätische Höhe
z^*	m	örtliche Höhe über dem Boden
Z	N	Zentrifugalkraft
α	–	Anstellwinkel, Neigungswinkel, Duffusor-Öffnungswinkel
α_F	–	Neigungswinkel der resultierenden Druckkraft, Abb. 13
α_0	–	Nullauftriebswinkel
γ	–	Scherwinkel
$\dot{\gamma}$	1/s	Schwerwinkelgeschwindigkeit
Γ	m^2/s	Zirkulation
δ	m	Grenzschichtdicke
δ_1	m	Verdrängungsdichte
δ_2	m	Impulsverlustdicke
Δ	$1/m^2$	*Laplace*-Operator, Gl. (291)
Δh	m	Höhendifferenz
Δp	$Pa = N/m^2$	Druckdifferenz, Druckabfall, Druckanstieg
Δp_g	$Pa = N/m^2$	Gesamtdruckverlust
$\Delta \bar{u}$	m/s	Differenz der mittleren Geschwindigkeiten
$\Delta \varphi$	–	Winkeldifferenz
ζ	–	Widerstandszahl
η	$Ns/m^2 = kg/ms$	Viskosität
η	–	Wirkungsgrad

Größe	Einheit	Bedeutung
ϑ	—	Polarwinkel, im Uhrzeigersinn
κ	—	Isentropenexponent
κ	—	*v. Kármán*sche Konstante, $\kappa = 0{,}4$
λ	—	Rohrreibungszahl
ν	m^2/s	kinematische Viskosität
ν_t	m^2/s	scheinbare kinematische Viskosität
Π	—	Kennzahl
ρ	kg/m^3	Dichte
σ	—	Maß für turbulente Vermischung, Kap. 17.4
τ	$Pa = N/m^2$	Schubspannung
τ_t	$Pa = N/m^2$	turbulente Schubspannung
τ_v	$Pa = N/m^2$	viskose Schubspannung
τ_w	$Pa = N/m^2$	Wandschubspannung
φ	—	Polarwinkel, gegen Uhrzeigersinn
φ_{12}	m^2/s^2	spezifische Dissipation
Φ	m^2/s	Potentialfunktion
Ψ	m^2/s	Stromfunktion
ω	$1/s$	Drehung, Winkelgeschwindigkeit
$\boldsymbol{\omega}$	$1/s$	Drehvektor
∇	$1/m$	Nabla-Operator, Gl. (432)

Indizes

Index	Bedeutung
a	außen, einfließend
A	Flächenverschiebung, Auftrieb
b	ausfließend
B	Boden
D	Druckmittelpunkt
ges	gesamt
G	Gas
i	innen
k	kritisch
K	Kontur, Kraftfeld, Krümmer
max	Maximum
min	Minimum
M	Mechanische Leistung
MF	Manometerflüssigkeit
n	Normalkomponente
ob	oben

Index	Bedeutung
P	Druckkraft, Pumpe, zum Punkt P gehörend
R	Reibungsleistung
s	Sandrauhigkeit, isentrop
S	Strahl
T	Turbine
u	Umfangskomponente
un	unten
U	Umschlagpunkt laminar-turbulent
V	Volumenänderung, Verlust
W	Wärmeleistung, Wand, Windkanal, Widerstand
x, y, z	zur x-, y- oder z-Richtung gehörend
0	Umgebung, Kesselzustand, Ruhezustand, Bodenwerte, an der Wand, bei Nullauftrieb
1, 2	Ort in der Strömung
∞	Anströmung, mittlere Strömung im Schaufelgitter

Hochgestellte Indizes

$-$	Mittelwert über dem Ort, Gl. (231), oder über der Zeit, Gl. (358)
$*$	kritische Größe, dimensionslose Größe
$'$	Schwankungsgröße
$\| \|$	Absolutbetrag
$+$	mit u_τ gebildete dimensionslose Größe

Tabelle 8: Widerstandszahlen

Die angegebenen Widerstandszahlen ζ nach Gl. (162) gelten für turbulente Kreisrohrströmung. Sie sind nur Richtwerte, da die Einflüsse von Reynoldszahl, Rauhigkeit und Einlaufprofil nicht berücksichtigt sind. Die Bezugsgeschwindigkeit ist jeweils in den Skizzen eingezeichnet.

Element	Skizze	Widerstandszahl ζ
Krümmer (optimale Krümmung $r_K/d = 2{,}5$ bis 5)	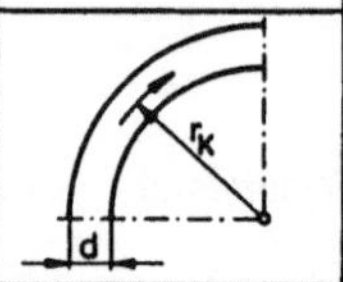	0,10 bis 0,18
Umlenkung (mit optimalen Leitschaufeln)	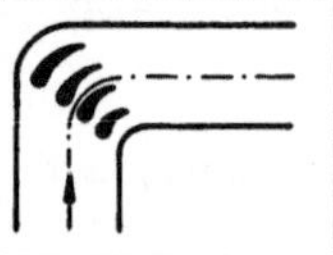	0,05
Umlenkung (mit optimalen Leitblechen)	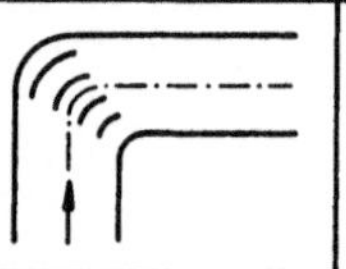	0,15
Rohreinlauf (scharfkantig)		0,6
Rohreinlauf (gut abgerundet)	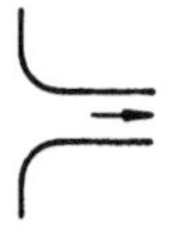	0,05
Rohraustritt	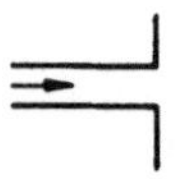	1
Plötzliche Erweiterung	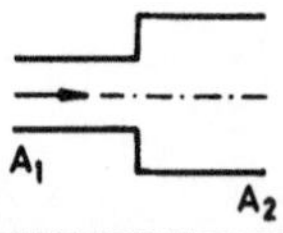	$\left(1 - \dfrac{A_1}{A_2}\right)^2$
Diffusor (optimaler Öffnungswinkel $\alpha = 6°$ bis 8°)	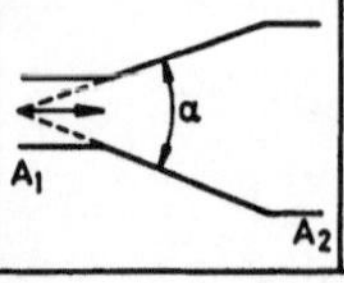	$C\left[1 - \left(\dfrac{A_1}{A_2}\right)^2\right]$ $C = 0{,}05$ bis 0,2

Element	Skizze	Widerstandszahl ζ
Plötzliche Verengung		$\dfrac{A_2}{A_1}$: 0 | 0,2 | 0,4 | 0,6 | 0,8 | 1 ζ: 0,6 | 0,5 | 0,4 | 0,27 | 0,1 | 0
Blende		$\dfrac{A_2}{A_1}$: 0,2 | 0,4 | 0,6 ζ: 0,4 | 0,32 | 0,2
Absperr-Schieber		$\dfrac{h}{d}$: 0,2 | 0,4 | 0,6 | 0,8 | 1,0 ζ: 50 | 10 | 3 | 0,8 | 0,2
Ventil (offen)		3,5 bis 4,8
Ventil (offen)		0,6
Drosselklappe		$90° - \vartheta$: 10° | 20° | 30° | 40° | 50° | 60° | 70° ζ: 0,5 | 1,5 | 4 | 11 | 33 | 120 | 750
Absperrhahn		$90° - \vartheta$: 10° | 20° | 30° | 40° | 50° ζ: 0,3 | 1,6 | 5,5 | 17 | 53
Sieb		$6\,\dfrac{1-\beta}{\beta^2}\left(\dfrac{w}{\beta}\dfrac{s}{v}\right)^{-\frac{1}{3}}$ $\beta = \left(1 - \dfrac{s}{t}\right)^2$

Stoffwerte für Wasser und Luft

Tabelle 9: Stoffwerte für Wasser und Luft
(Näherungswerte bei etwa 20°C und 10^5 Pa)

	Dichte $\dfrac{\rho}{\mathrm{kg/m^3}}$	Viskosität $\dfrac{\eta}{\mathrm{kg/ms}}$	Kinematische Viskosität $\dfrac{\nu}{\mathrm{m^2/s}}$	Schallgeschwindigkeit $\dfrac{a}{\mathrm{m/s}}$
Wasser	10^3	10^{-3}	10^{-6}	1460
Luft	1,2	$1,8 \cdot 10^{-5}$	$15 \cdot 10^{-6}$	340

Tabelle 10: Trägheitsmomente und Zentrifugalmomente von Flächen um den Schwerpunkt

$I_\xi = \iint \eta^2 \, dA; \quad I_\eta = \iint \xi^2 \, dA; \quad I_{\xi\eta} = \iint \xi\eta \, dA.$

Bei symmetrischen Flächen verschwindet $I_{\xi\eta}$.

Flächenform	Trägheitsmomente	Fläche Schwerpunktlage
	$I_\xi = \dfrac{bh^3}{36}$ $\quad$ $I_\eta = \dfrac{b^3 h}{36}$ $\quad$ $I_{\xi\eta} = \dfrac{b^2 h^2}{72}$	$A = \dfrac{bh}{2}$
	$I_\xi = \dfrac{(B^2 + 4Bb + b^2)h^3}{36(B+b)}$ $\quad$ $I_\eta = \dfrac{(B+b)(B^2 + b^2)h}{48}$	$A = \dfrac{(B+b)h}{2}$ $\quad$ $c = \dfrac{(B+2b)h}{3(B+b)}$
	$I_\xi = I_\eta = \dfrac{5\sqrt{3}}{16} R^4$	$A = \dfrac{3}{2}\sqrt{3}\, R^2$ $\quad$ $c = \dfrac{\sqrt{3}}{2} R$
	$I_\xi = \dfrac{\pi}{4} ab^3$ $\quad$ $I_\eta = \dfrac{\pi}{4} a^3 b$	$A = \pi a b$
	$I_\xi = \left(\dfrac{\pi}{8} - \dfrac{8}{9\pi}\right) R^4$ $\quad$ $I_\eta = \dfrac{\pi}{8} R^4$	$A = \dfrac{\pi}{2} R^2$ $\quad$ $c = \dfrac{4}{3\pi} R$

Literatur

(in deutscher Sprache)

Allgemeine Strömungsmechanik (* Aufgabensammlungen)

Albring, W.: Angewandte Strömungslehre. Steinkopf, Dresden, 1970.

Becker, W.: Technische Strömungslehre. 6. Auflage, Teubner, Stuttgart, 1986.

**Becker, E.,* und *E. Plitz:* Übungen zur Technischen Strömungslehre. Teubner, Stuttgart, 1971.

Bohl, W.: Technische Strömungslehre. Vogel, Würzburg, 1971.

**Böswirth, L.,* und *O. Schüller:* Beispiele und Aufgaben zur Technischen Strömungslehre. Vieweg, Braunschweig, 1979.

Dubs, F.: Aerodynamik der reinen Unterschallströmung. Birkhäuser, Basel, 1966.

Eck, B.: Technische Strömungslehre. Springer, Berlin/Heidelberg/New York, Bd. 1: Grundlagen, 1978. Bd. 2: Anwendungen, 1981.

Eppler, R.: Strömungsmechanik, Akademische Verlagsanstalt, Wiesbaden, 1975.

**Federhofer, K.:* Aufgaben aus der Hydromechanik. Springer, Wien, 1954.

Kalide, W.: Einführung in die technische Strömungslehre. Hanser, München, 1968.

**Kalide, W.:* Aufgabensammlung zur technischen Strömungslehre. Hanser, München, 1967.

Kotschin, N. E., I. A. Kibel und *N. W. Rose:* Theoretische Hydromechanik (Übersetzung aus dem Russischen) Akademie-Verlag, Berlin, 1954 (Bd. 1) und 1955 (Bd. 2).

Landau, L. D., und *E. M. Lifschitz:* Hydromechanik. Akademie-Verlag, Berlin, 1974.

Leiter, E.: Strömungsmechanik nach Vorlesungen von K. Oswatitsch, Bd. 1: Grundlagen und technische Anwendungen. Vieweg, Braunschweig, 1978.

Lüst, R.: Hydrodynamik. Bibliographisches Institut, Mannheim, 1978.

Prandtl, L., K. Oswatitsch und *K. Wieghardt:* Führer durch die Strömungslehre. 9. Auflage, Vieweg, Braunschweig, 1990.

Ritter, R., und *D. J. Tasca:* Fluidmechanik in Theorie und Praxis. Verlag Harri Deutsch, Thun, 1979.

Schade, H.; und *E. Kunz:* Strömungslehre. Walter de Gruyter, Berlin, 1980.

Sigloch, H.: Technische Fluidmechanik. Verlag Schroedel, Hannover, 1980.

Spurk, J. H.: Strömungslehre. Springer, Berlin, 1987.

Tietjens, O.: Strömungslehre. Springer, Berlin/Göttingen/Heidelberg/New York, 1960 (Bd. 1) und 1970 (Bd. 2).

Truckenbrodt, E.: Fluidmechanik, 2 Bände. Springer, Berlin, 1980.

Truckenbrodt, E.: Lehrbuch der angewandten Fluidmechanik. Springer, Berlin/Heidelberg/New York/Tokyo, 2. Auflage, 1988.

Wieghardt, K.: Theoretische Strömungslehre, Teubner, Stuttgart, 1965.

Zierep, I.: Grundzüge der Strömungslehre. Braun, Karlsruhe, 3. Auflage, 1987.

Hydraulik

Brauer, H.: Grundlagen der Einphasen- und Mehrphasenströmungen. Sauerländer, Aarau/ Frankfurt a.M., 1971.

Hutarew, G.: Einführung in die technische Hydraulik. Springer, Berlin/Heidelberg/New York, 1973.

Jaeger, C.: Technische Hydraulik. Birkhäuser, Basel, 1949.

**Giles, R. V.:* Strömungslehre und Hydraulik. McGraw-Hill, Düsseldorf, 1976.

Kozeny, J.: Hydraulik. Springer, Wien, 1953.

Press, H., und *R. Schröder:* Hydromechanik im Wasserbau. Ernst, Berlin, 1966.

Richter, H.: Rohrhydraulik. Springer, Berlin, 1962.

Rössert, R.: Hydraulik im Wasserbau. Oldenbourg, München, 1964.

**Timm, J.:* Hydromechanisches Berechnen. Teubner, Stuttgart, 1970.

Wechmann, A.: Hydraulik. Verlag Technik, Berlin, 1958.

Rheologie

Böhme, G.: Strömungsmechanik nicht-newtonscher Fluide. Teubner, Stuttgart, 1981.

Ebert, F.: Strömung nicht-newtonischer Medien. Vieweg, Braunschweig, 1980.

Reiner, M.: Rheologie. VEB, Leipzig, 1968.

Strömung mit Reibung

Jischa, M.: Konvektiver Impuls-, Wärme- und Stoffaustausch. Vieweg, Wiesbaden, 1981.

Loitsianski, L. G.: Laminare Grenzschichten (Übersetzung aus dem Russischen). Akademie-Verlag, Berlin, 1967.

Rotta, J. C.: Turbulente Strömungen. Teubner, Stuttgart, 1972.

Schlichting, H.: Grenzschicht-Theorie. Braun, Karlsruhe, 1983.

Unger, J.: Konvektionsströmungen. Teubner, Stuttgart, 1988.

Walz, A.: Strömungs- und Temperaturgrenzschichten. Braun, Karlsruhe, 1966.

Gasdynamik

Abramowitsch, G. N.: Angewandte Gasdynamik. VEB Technik, Berlin, 1958.

Bartlmä, F.: Gasdynamik der Verbrennung. Springer, Wien, 1975.

Becker, E.: Gasdynamik. Teubner, Stuttgart, 1969.

Dubs, F.: Hochgeschwindigkeitsaerodynamik. Birkhäuser, Basel, 1961.

Guderley, K. G.: Theorie schallnaher Strömungen. Springer, Berlin/Göttingen/Heidelberg, 1957.

Oertel, H.: Stoßrohre. Springer, Wien/New York, 1966.

Oswaitisch, K.: Grundlagen der Gasdynamik. Springer, Wien, 1976.

Oswaitisch, K.: Spezialgebiete der Gasdynamik. Springer, Wien, 1977.

**Oswaitisch, K.,* und *R. Schwarzenberger:* Übungen zur Gasdynamik. Springer, Wien, 1963.

Sauer, R.: Einführung in die theoretische Gasdynamik. Springer, Berlin, 1960.

Sauer, R.: Nichtstationäre Probleme der Gasdynamik. Springer, Berlin, 1966.

Zierep, J.: Theoretische Gasdynamik. Braun, Karlsruhe, 1976.

Zierep, J.: Ähnlichkeitsgesetz und Modellregeln der Strömungslehre. Braun, Karlsruhe, 1972.

Zierep, J.: Strömungen mit Energiezufuhr. Braun, Karlsruhe, 1975.

Tragflügel und Schaufelgitter

Betz, A.: Konforme Abbildung. Springer, Berlin/Göttingen/Heidelberg, 1948.

Keune, F., und *K. Burg:* Singularitätenverfahren der Strömungslehre. Braun, Karlsruhe, 1975.

Riegels, F. W.: Aerodynamische Profile. Oldenbourg, München, 1958.

Schlichting, H., und *E. Truckenbrodt:* Aerodynamik des Flugzeuges. Srpinger, Berlin/Heidelberg/New York, 1967 (Bd. 1) und 1969 (Bd. 2).

Scholz, N.: Aerodynamik der Schaufelgitter. Braun, Karlsruhe, 1965.

Thomas, F.: Grundlagen für den Entwurf von Segelflugzeugen. Motorbuch, Stuttgart, 1979.

Versuchswesen

Böswirth, L., und *M. A. Plint:* Technische Strömungslehre. Schroedel, Hannover, 1975.

Durst, F., A. Melling und *J. H. Whitelaw:* Theorie und Praxis der Laser-Doppler-Anemometrie. Braun, Karlsruhe, 1987.

Hengstenberg, J., B. Sturm und *O. Winkler* (Hrsg.): Messen und Regeln in der Chemischen Technik. Springer, Berlin/Göttingen/Heidelberg, 1964. Neuauflage: Bd. 1: Betriebsmeßtechnik, 1980.

Oertel sen., H. und *Oertel jun., H.:* Optische Strömungsmeßtechnik. Braun, Karlsruhe, 1989.

Popow, S. G.: Strömungstechnisches Meßwesen (Übersetzung aus dem Russischen). Verlag Technik, Berlin, 1960.

Ruck, B.: Laser-Doppler-Anemometrie. AT-Fachverlag, Stuttgart, 1987.

Wuest, W.: Strömungsmeßtechnik. Vieweg, Braunschweig, 1969.

Wiedemann, J.: Laser-Doppler-Anemometrie. Springer, Berlin, 1984.

Mathematische Grundlagen

Schade, H.: Kontinuumstheorie strömender Medien. Springer, Berlin, 1970.

Schneider, W.: Mathematische Methoden der Strömungsmechanik. Vieweg, Braunschweig, 1978.

Quellennachweis

Abbn. 59, 65, 68, 96, Tabelle 9: Schlichtung, H.: Grenzschicht-Theorie. Verlag Braun, Karlsruhe 1965.

Abb. 68: Achenbach, E.: Experimente on the flow past spheres at very high Reynolds numbers. J. Fluid Mech., Vol. 54 (1972), 565–575.

Abb. 91: Rotta, J. C.: Turbulente Strömungen. Verlag Teubner, Stuttgart, 1972.

Abb. 94: Truckenbrodt, E.. Die instationäre und quasi-stationäre Betrachtungsweise beim Ausfluß einer Flüssigkeit aus einem Gefäß. Festschrift zum 65. Geburtstag von Prof. Szabo, 25–29, 1971.

Tabelle 2: US, Standard Atmosphere, 1962. (ICAO Standard Atmosphere) NASA, Washington D.C., 1962.

Tabelle 8: Verschiedene Handbücher.

Beispiel 37: Hummel, D.: Aerodynamische Gesichtspunkte zum Aufschlag im Volleyballspiel. Volleyball Bd. 2 (1967), 58–60.

Namen- und Sachverzeichnis